西藏农村饮水安全工程建设管理实践与探索

李亚龙　惠　军　罗文兵
李　伟　范琳琳　乔　伟　编著

科　学　出　版　社
北　京

内 容 简 介

在西藏自治区农村饮水安全工程普查和农村饮水安全巩固提升工程"十三五"规划修编的基础上,本书全面、系统地总结"十五"以来西藏农村人畜饮水解困、农村饮水安全、农村饮水安全巩固提升工程建设与实施效果和运行管理现状。结合精准扶贫和乡村振兴战略实施,分析西藏农村饮水安全存在问题及需求;在分析西藏农村饮水水源选择、工程布置、输配水等关键技术的基础上,结合典型案例进一步总结西藏农村饮水安全工程建设管理、运行管理及水源地保护的经验和做法,围绕乡村振兴战略和精准脱贫目标提出西藏农村饮水安全工程建设与管理的对策与建议,对西藏自治区打赢深度贫困地区脱贫攻坚战、与全国人民同步进入小康社会具有重要的理论和现实意义。

本书可作为西藏农村供水各级主管部门、工程规划设计和运行管理单位的技术和管理人员,以及相关院校、科研机构参考资料。

图书在版编目(CIP)数据

西藏农村饮水安全工程建设管理实践与探索/李亚龙等编著. —北京:科学出版社,2019.8

ISBN 978-7-03-060683-9

Ⅰ. ①西… Ⅱ. ①李… Ⅲ. ①农村给水-给水卫生-给水工程-工程建设-西藏 Ⅳ. ①S277.7

中国版本图书馆 CIP 数据核字(2019)第 039346 号

责任编辑:杨光华 郑佩佩 / 责任校对:高 嵘
责任印制:彭 超 / 封面设计:苏 波

科学出版社 出版

北京东黄城根北街 16 号
邮政编码:100717
http://www.sciencep.com

武汉精一佳印刷有限公司印刷

科学出版社发行 各地新华书店经销

*

开本:B5(720×1000)
2019 年 8 月第 一 版 印张:12 3/4
2019 年 8 月第一次印刷 字数:255 000

定价:148.00 元
(如有印装质量问题,我社负责调换)

前　　言

　　西藏自治区是国家重点扶持"三区三州"深度贫困地区中唯一的省级集中连片贫困地区,是我国西南边陲的重要门户。农村饮水安全是关系西藏自治区农牧民身心健康、生命安全及农村社会经济发展和农民生活水平提高的重要问题,更是关系2020年贫困地区如期脱贫的头等大事;同时也是全面贯彻习近平新时代中国特色社会主义思想、打赢脱贫攻坚战、坚持以人为本、维护人民群众根本利益的基本要求,是建设美丽乡村、落实乡村振兴战略的重要内容。

　　西藏自治区在特殊的自然地理条件下,人民生产条件差、生活水平低。在实施农村饮水项目之前,西藏自治区大部分农村人畜饮水基本上靠人背畜驮,条件差的地方人畜共饮一个池塘水或一条河沟水,特别是在矿物质多的地方,人畜饮水水质问题更加突出。党中央、国务院、西藏自治区高度重视全区农村饮水安全工作,自实施饮水解困工程以来,经过"人畜饮水解困工程""农村饮水安全工程""农村饮水安全巩固提升工程"三个阶段,在各级党委和政府的高度重视和大力支持下,西藏自治区农村饮水困难得到有效解决,农村饮水安全工程建设实现从"量"到"质"的发展转变。全区现有农村饮水工程点 13 918处,工程受益人口 219.39 万人,其中建档立卡人口 44.02 万人,供水保证率 61.88%,自来水普及率 67.62%,集中供水率 81.45%。

西藏自治区农村饮水安全工程建设与我国其他地区相比，存在工程建设难度更大、工程投资更高、工程运行管护更难等问题。因此，迫切需要在深入调研、摸清现状、总结经验、找准问题、分析成因的基础上，研究并提出适宜西藏自治区的农村饮水安全工程建设和管理模式，以及不同条件下水源选择、水处理、消毒、水质监测、信息化管理等技术与模式。因此，本书应运而生。

本书共 8 章。第 1~2 章对西藏农牧区概况及饮水工程发展情况进行介绍。第 3 章从农村生活用水、水质净化处理、水质监测、饮水安全工程需求、饮水安全评价等方面分析西藏农村饮水安全的需求。第 4 章从水源选择、水源工程、供水管网及终端供水 4 个方面详细介绍西藏农村饮水安全工程的关键技术。第 5~6 章对西藏农村饮水安全工程现行建设管理、运行管理体制及其存在的问题进行分析。第 7 章介绍西藏农村饮用水水源地保护的法律制度现状、保护对策与工程技术措施。第 8 章全面系统提出西藏自治区农村饮水安全工程建设管理的对策与建议。

本书由李亚龙、罗文兵负责构思和总体框架设计，项目组成员参加编写，全书的统稿和修订工作由李亚龙主持完成。本书编写具体分工如下：第 1~2 章由乔伟、罗文兵编写；第 3 章由范琳琳、李伟编写；第 4~5 章由惠军、李伟编写；第 6 章由罗文兵编写；第 7 章由范琳琳、李伟编写；第 8 章由罗文兵编写。在本书写作过程中，西藏自治区水利厅给予了大力支持，西藏自治区各市（区）、各县水利局和相关单位及个人给予了大量帮助，在此一并表示感谢。

由于作者水平和精力有限，书中疏漏与不足之处在所难免，敬请广大读者不吝批评指正。

作　者

2019 年 4 月

目　　录

第 *1* 章

西藏农牧区概况

　　西藏自治区地处中国西南边陲，土地面积约占全国陆地总面积的1/8，是中国西南边陲的重要门户。本章主要从西藏自治区地理、水文、气象、土壤、植被、人口分布、水资源及开发利用状况等方面简要介绍西藏自治区的现状。

1.1　地　理　概　况

西藏自治区位于我国西南边陲，其地理坐标位于东经 78°25′～99°06′和北纬 26°52′～36°32′，东西最长达二千多千米，南北最宽九百多千米，面积 120.22× 10^4 km²，约占全国陆地总面积的 1/8，是世界上海拔最高、形成时间最晚的巨大高原，平均海拔 4 000 m 以上。西藏自治区北与新疆维吾尔自治区、青海省毗邻，东隔金沙江和四川省相望，东南在横断山区与云南省相连，西和南与印度、尼泊尔、缅甸、不丹四国以及克什米尔地区接壤，边境线长四千多千米，是中国西南边陲的重要门户[①]。

1.1.1　地形特征

西藏高原是地壳强烈抬升引起的差异切割形成的大地貌单元。它的主体由小起伏山地丘陵的湖盆谷地组合而成；四周则为起伏极大的高山峡谷环绕，以 2 500～4 000 m 的高差与外部平原、盆地相连。山脉、湖盆、平坝的排列，东西两端山列收敛成束，中部呈展开状。由北向南形成一系列东西延展山脉，如昆仑山、冈底斯山等；南侧喜马拉雅山呈向南突出弧形；东部则由向东北凸出来的一环套一环的弧形弯曲山列形成，向南转为南北走向的横断山脉；中部以冈底斯山和喜马拉雅山北翼最为明显，自东向西有错那—邛多江、帕里—尼木、中扎—谢通门、文部—定日和措勤—吉隆和麻米—日西麻带等（西藏自治区地方志编纂委员会，2015）。

藏北高原呈环状或半环状结构，西自鲁玛江冬错，东至普若冈日一带即为此结构。较典型的同心环状组合结构，出现在昂拉仁错附近。

在紧闭型褶皱地层组成的隆起山地中，散列着一些呈圆形或椭圆形开穹状的高山，如贡嘎山、玉龙塔格峰等。

在海拔 3 500 m 以上，高原内部和边缘高山上，有发育冰川和冰缘形成特征，以及冻融作用下形成的各种微变地形。海拔 3 500 m 以下地区，由于高原阻挡了东南湿气流入，出现沙漠、戈壁、风蚀残丘以及物理风化的岩石碎屑和干涸密布的土地。

[①] 资料来源中华人民共和国中央人民政府官网（http://www.gov.cn/guoqing/2018-01/15/content_5256628.htm）

1.1.2　地貌类型

西藏位于青藏高原的西部和南部,占青藏高原面积的一半以上,被称为"世界屋脊",境内海拔在 8 000 m 以上的高峰有 5 座,被视为南极、北极之外的"地球第三极",主要由一系列巨大的山系、宽谷湖盆与低山丘陵组合的波状起伏地面构成。青藏高原的地势总体由西北向东南倾斜,地形复杂多样,有高峻逶迤的山脉、陡峭深切的沟峡以及冰川、裸石、戈壁等多种地貌类型。西藏各地所处位置、气候以及水流切割的程度各异,构成了多种多样的地貌类型,大致可以分为藏北高原、雅鲁藏布江流域、藏东峡谷地带三大区域。

藏北高原位于唐古拉山脉、念青唐古拉山脉及冈底斯山脉之间,平均海拔4 000 km 以上,为一系列浑圆而平缓的山丘,其间夹着许多盆地,低处长年积水成湖,主要居住着藏族游牧民。

雅鲁藏布江是我国最长的高原河流,水能蕴藏量仅次于长江,是西藏的"母亲河"和经济发展的大动脉,约一半的西藏人口及农业生产都集中在该流域内。

藏东峡谷地带,即藏东南横断山脉、三江流域地区,为一系列由东南走向逐步转为南北走向的高山深谷。北部海拔 5 200 m 左右,山顶平缓,南部海拔 4 000 m左右,山势较陡峻,山顶与谷底落差可达 2 500 m,山顶终年积雪,山腰森林茂密,山麓有四季常青的田园,景色奇特。本区森林资源蕴藏丰富,开发条件也较好。

1.2　气象水文

1.2.1　气象

西藏地域辽阔,地形复杂,从东到西依次呈现热带、亚热带、温带、亚寒带和寒带等气候类型。全区可分为 10 个气候区:喜马拉雅山南翼热带山地湿润气候区、喜马拉雅山北翼亚热带湿润气候区、藏东南湿润高原季风气候区、雅鲁藏布江中游温带半湿润高原季风气候区、藏南温带半干旱高原季风气候区、那曲亚寒带半湿润高原季风气候区、藏北亚寒带半干旱高原气候区、阿里温带干旱高原季风气候区、阿里亚寒带干旱高原气候区、昆仑山寒带干旱高原气候区。由于西藏全区所属气候区多,其气候特征复杂多样(西藏自治区地方志编纂委员会,2015)。

1. 太阳辐射强、日照时间长

西藏高原海拔高,空气稀薄,大部分地区太阳辐射值为 140～190 kcal/(cm²·a)。

藏东南海拔较低,雨云较多,太阳辐射值较少,为 120 kcal/（cm²·a）,太阳辐射值具有东和东南低、西及西北高的特征（西藏自治区地方志编纂委员会,2015）。

2. 气温偏低、年较差小、日较差大

受海拔影响,西藏气温普遍偏低,年平均气温为 –2.4～12.1℃。1 月平均气温在 0℃ 以下,其东部气温高于西部,年较差小、日较差大的特点十分显著。全区年极端最低气温 –44.6℃（改则县）,极端最高气温 33.8℃（墨脱县）。大部分地区 ≥10℃ 积温不足 1 500℃,比东部低海拔地区低 2 000℃ 以上。由于地势和纬度的影响,西藏各地温度条件差异很大。藏东南山地特别是喜马拉雅山南侧低谷是西藏最温暖地域,月平均气温一般在 10℃ 左右,年均气温超过 15℃,≥10℃ 积温 4 700～5 100℃,无霜期 270 d 以上;雅鲁藏布江中游谷地,气温较温和,年均气温 5～8℃,≥10℃ 积温约 2 000℃,无霜期 120～150 d;其他大部分高原地区为亚寒带气候,几乎全年都有霜冻（西藏自治区水利厅,2015）。

3. 降水量差异大

受冬季西风、夏季西南季风以及地貌、地势影响,西藏降水量的时空分布极不均匀。年降水量分布的总趋势自东南向西北逐渐减少。藏北高原年降水量一般在 200 mm 以下,阿里地区最少,班公错以北的地区年降水量少于 50 mm。藏南谷地降水量自西向东递增,波密可高达 2 000 mm 以上,藏东南靠近边境地区,巴昔卡可达 4 500 mm 以上,喜马拉雅山脉南坡的聂拉木和樟木年降水量分别可达 1 453 mm 和 2 817 mm。藏西年降水量不足 100 mm。西藏区内降水量年内分配极不均匀,雨季、旱季非常明显,6～9 月降水量占全年降水量的 80% 以上,多夜雨（西藏自治区水利厅,2015）。

4. 多大风,持续时间长、强度大

西藏地区大风日数多。据统计,≥8 级或 17 m/s 的大风日数为 150 d,最多可达 200 d,基本与冬春干旱季节同步。大风主要出现在 12 月～翌年 5 月（西藏自治区地方志编纂委员会,2015）。

1.2.2　水文

1. 河湖概况

西藏境内河流条数众多,是我国湖泊、沼泽分布最集中的区域之一,同时也是世界上海拔最高的高原湖沼分布区。据统计,西藏境内流域面积≥10 000 km^{2}的河流有28余条,大于2 000 km^{2}的河流在100条以上,大小河流数百条,加上季节性流水的间歇河流在千条以上,著名的有雅鲁藏布江、金沙江、澜沧江、怒江等。西藏境内河流数量最多,亚洲著名的雅鲁藏布江(布拉马普特拉河)、澜沧江(湄公河)、怒江(萨尔温江)、狮泉河(印度河)和伊洛瓦底江的上源都在西藏。西藏湖泊星罗棋布,数以千计,湖泊总面积 24 183 km^2。主要湖泊有易贡错、然乌错、羊卓雍错、玛旁雍错、纳木错、色林错、扎日南木错、班公错。大于1 000 km^{2}的湖泊有 3 个,大于 200 km^{2}的湖泊有 24 个,大于 50 km^{2}的湖泊有 104 个,大于 1 km^{2}的湖泊有 816 个。

2.河湖水文特征

流量丰富,但地区分布不均匀。西藏外流水系的年径流总量约为 3 290×10^8 m^3,年平均流量 10 431 m^3/s,占我国河川年径流总量(约 2.7×10^{12} m^3)的 12%。然而,河川径流量的地区分布非常不均匀。首先,外流区与内流区的河川径流量相差悬殊。外流区的面积只占西藏总面积的 49%,却占全自治区河川年径流总量的 92.4%;而内流区的面积占西藏总面积的 51%,河川年径流总量仅占全自治区河川年径流总量的 7.6%。由此可见,西藏广大内流区的产水贫乏,河流水源严重不足。其次,外流区内径流量的地区分布也很不均衡,藏东南地区最丰富,由藏东南往西、往北,径流深有递减的趋势。

径流季节分配不均,年际变化小。西藏河川径流的年内分配极不平衡。根据西藏 10 条河流 12 个水文站的实测资料统计,6~9 月的径流量占全年的 55%~78%,一般占 65%以上;11 月~翌年 4 月的径流量只占全年的 11%~32%,一般占 20%左右。

河水含沙量少。西藏河流与我国内地主要河流相比,含沙量较少,在我国河流中属于含沙少的河流。这也是西藏河流水文的一个显著特点。

1.3 土壤、植被与土地利用现状

西藏土地资源极其丰富。由于西藏海拔高度差异悬殊,同时受生物气候条件的影响,土壤类型具有较完整的垂直带谱。从低海拔至高海拔依次分布着褐土、棕壤、棕色针叶林土、亚高山草甸土、高山草甸土、高山寒漠土,另外还有山麓坡积带、冲洪积堆、洪积台地及河漫滩地零星分布的石质土、粗骨土和新积土。土壤类型与植被关系密切，不同的土壤类型生长不同的植被，地形对土壤侵蚀强烈，地形陡峭，水土流失严重，土壤粗骨性强（西藏自治区水利厅，2015）。

1.3.1　土壤类型

西藏土壤共有 25 个土类、79 个亚类，既有我国绝大部分山地森林土壤类型，也有我国乃至世界分布最集中、面积最大、类型最多的高山土壤类型，涵盖从热带到高山冰缘环境的各种土壤类型。

1. 按成土类型划分

全区可耕种土类有 16 个，其中山地灌丛草地面积最大，占西藏可耕种土地面积的 34%。由于成陆时间晚、海拔高、气候干寒，广阔的高原广布草甸、草原植被，拥有众多的自然生态环境和复杂多样的成土母质及成土过程，该地区土壤的发育具有年幼性、粗骨性，有机质分解缓慢，有利于腐殖质累积的特征。按成土类型可划分为 7 个土壤系列。

（1）高山草甸土系列，如草毡土、黑毡土、棕毡土。

（2）高山荒漠土系列，如高山寒漠土、高山漠土、高原草原化荒漠土。

（3）高山草原土系列，如高原河谷棕钙土、高原河谷灰钙土。

（4）高原森林草原土系列，如高原河谷灰褐土、高原河谷褐土。

（5）高原森林土系列，如高原河谷棕色森林土、高原河谷暗棕壤、高原河谷灰化土、高原河谷棕色灰化土、高原河谷灰色森林土、山地黄棕壤。

（6）水成土、半水成土系列，如高原河谷草甸土、高原河谷沼泽土、高原河谷泥炭土、高原河谷盐土、高原河谷碱土、高原河谷水稻土。

（7）高原河谷始成土系列，如紫色土、高原河谷风沙土、高原泥石流黑土。

2. 按地带分布划分

喜马拉雅山南麓砖红壤、黄壤、黄棕壤地带。土壤垂直带谱结构复杂，森林土壤面积大，枯枝落叶层由于滞水产生泥炭化与灰化作用，土体淋溶作用强，呈酸性反应。按地带分布可以划分为 5 个土壤地带。

（1）藏东褐土棕壤地带。土壤垂直带谱基带以褐土或棕壤开始，上接灰棕壤、灰壤、寒毡土（原亚高山草甸）和寒冻毡土（原高山草甸）。

（2）那曲寒冻毡土地带。土壤垂直结构简单，仅有寒冻毡土和永冻薄层土两个土带。

（3）藏南河嘎土（也称灌丛草原土）、寒钙土（原亚高山草原土）地带。土壤垂直结构复杂,基带有从河嘎土或寒钙土开始,也有从寒毡土或寒冻钙土(原高山草原土)开始,向上可分为3~5个土带。山地上部因湿润状况差异可出现灰寒冻钙土(原高山草甸草原土)或寒冻钙土。

(4)藏北寒冻钙土地带。土壤垂直带谱简单,由寒冻钙土直接与永冻薄层土(或永冻粗骨土)衔接。

(5)阿里冷漠土(原亚高山荒漠土)地带。以高原宽谷为主,山地平均海拔6 000 m,谷地海拔4 100~4 400 m。由于山地阻挡,并与中亚冷漠境毗邻,气候极为干旱,年降水量50~100 mm,夏温高于藏南河嘎土、藏北寒冻钙土带,冬温则相反。植被以驼绒藜、木亚菊和匙叶芥为主。土壤垂直结构简单,主要由冷漠土、寒冻钙土和永冻薄土层组成。

1.3.2　植被分布

西藏高原生态环境复杂多样,为各类植物的生存提供了有利条件,据统计,全区高等植物种类6 600多种,隶属于270多科和1 510余属。

西藏森林资源丰富,森林覆盖率为12.14%,森林蓄积22.83×10^8 m³,活立木总蓄积量达22.88×10^8 m³,居全国第1。西藏森林资源大部分保持完好,具有很高的科研价值和良好的生态、社会、经济效益。

1. 植被分布特征

西藏高原的植被有明显的径向地带性变化及纬向地带性变化。径向地带性变化规律为自东南向西北出现明显的森林植被—草甸植被—草原植被—荒漠植被;纬向地带性变化规律为中、东部低纬度广泛分布亚热带植物,高原东南部海拔2 500 m以下的河谷山坡分布常绿阔叶林,其余地带为亚高山针叶林,高原西部同纬度地区森林已消失,代之以草原和荒漠。

植被的垂直地带性分布普遍,呈"一山有四季,十里不同天"的变化特点,如喜马拉雅山南坡为热带雨林,向上依次为常绿阔叶林植被—山地常绿针叶林植被—亚高山常绿针叶林植被—杜鹃矮丛林植被—高山灌丛草甸植被—流石坡稀疏植被等垂直带,直至4 800 m雪线。由于各山体所处位置不同,水热条件的变化也不同,造成植被类型分布的格局不同。

2. 植被类型

按照建群植物生活型和群落生态外貌,可将西藏植被划归为7个主要植被类型:阔叶林植被、针叶林植被、灌丛植被、草甸植被、草原植被、荒漠植被和高山植被。西藏植被类型的区域差异明显,各类阔叶林、针叶林植被集中分布于西藏东南部喜马拉雅山南翼及横断山地,而由小半灌木及垫状小半灌木组成的荒漠植被只见于阿里及西北的昆仑山地,各种类型的草原植被占据面积辽阔的高原中部,包括藏南和羌塘高原。

按照各种植被类型垂直分布的组合,西藏植被大体上可分为海洋性和大陆性两个植被垂直带系统。海洋性植被垂直带系统以山地森林带为主体,分布于比较湿润的东南部,主要受温度条件的影响,由低到高的基本结构是热带雨林带—山地常绿阔叶林带—山地针阔叶混交林带—山地暗针叶林带—高山灌丛草甸带—高山稀疏植丛带。大陆性植被垂直带系统则以草甸、草原或荒漠类型为主,广泛分布于高原内部和西北部,没有山地森林带。其垂直变化与水分状况有关,通常自下而上有渐趋湿润的倾向,其基本结构是荒漠带—草原带—草甸带—稀疏植丛带,但由高寒而引起的生理干旱常导致寒旱化的特征。

3. 植被区划

青藏高原的植被从东南到西北随着自然条件呈现水平、垂直及坡向等变化,依次出现森林、草甸、草原和荒漠。其植物区系分属泛北极植物区中的两个不同的亚区,其中,草甸、草原和荒漠属青藏高原植物亚区,各类森林属中国-喜马拉雅森林植物亚区。

两个亚区的分界大体是拉康—朗县—嘉黎—拉日一线,此线东南属中国-喜马拉雅森林植物亚区,成分十分丰富,新老兼备,包括古老的温带、亚热带至热带北缘的植物区系成分,是一些现代植物的起源中心。该亚区由于受地势、气候复杂和上升运动的影响,垂直分布明显,成为各种不同植物区系成分交融、分化、渗透、混杂的场所,是西藏植物种类最多的区域。

分界线西北高原内部属青藏高原植物亚区。该亚区由于历史短暂、环境条件十分高寒,限制了植物种系的生长与发展,通常东南向西北地势越高,植物种类越少,区系起源越年轻。大体上东南以灌丛草甸为主,中间部分以草原为主,最西北是荒漠。

按照植被类型分布的水平地域分异和垂直变化的基本特点,可将西藏划分为8个植被区,即喜马拉雅山南翼热带雨林区、常绿阔叶林区、藏东山地针叶林区、藏东北高山灌丛草甸区、藏南山地灌丛草原区、藏北高山草原区、藏西北荒漠与荒漠草原区。

1.3.3　土地利用现状

西藏地域辽阔,土地资源丰富。全区土地总面积 120.22×10^4 km^2,天然草地面积 13.34 亿亩①,约占全区土地总面积的 74.11%,其中,可利用天然草地面积 11.29 亿亩;耕地面积 662.66 万亩(实控区 550.75 万亩),其中,水田 62.26 万亩、水浇地 398.21 万亩、旱地 202.19 万亩、农作物播种面积稳定在 377.02 万亩。

西藏自治区天然草地面积位居全国第一,是中国主要的牧区之一。西藏草地以低覆盖度草地为主,主要分布在那曲市、阿里地区、日喀则市。未利用土地面积也较大,可利用潜力很大。未利用土地中,以裸岩、裸土和戈壁分布最广,而盐碱地、沼泽地、沙地面积较少。从空间分布来看,裸岩、裸土、戈壁主要分布在藏北地区,而沙地主要分布在那曲市和阿里地区,在日喀则市也有少量分布,盐碱地主要分布在西藏北部及西南部分的那曲市和日喀则市的湖泊、湿地附近。林地以有林地和灌木林地为主,其中有林地主要分布在林芝市和昌都市,灌木林地主要分布在昌都市。耕地以旱地为主,水田面积相对较少。耕地主要分布在一江两河和东部横断山脉区域,包括拉萨市、日喀则市、昌都市、山南市和林芝市的河谷地带。耕地面积最大的是日喀则市,占全区耕地面积的 37.79%;其次是昌都市,占 19.86%;山南市和拉萨市的耕地面积分别占 15.65% 和 15.48%;林芝市耕地面积占 8.65%;那曲市和阿里地区耕地面积较小,分别占 1.99% 和 0.58%。水域以冰川积雪和湖泊为主,这也是西藏高原特殊地理特征所形成的。

复杂多样的自然条件、差异明显的区域环境,使得西藏自治区各地土地资源分布不均。这些土地大致可分为 6 个区域:①藏东高山峡谷农林牧区,为西藏土地开发利用历史最悠久的地区之一;②西藏边境高山深谷林农区,位于西藏自治区南部边境地带;③中南部高山宽谷农业区;④高山湖泊盆地农牧区,位于西藏中南部高山宽谷农业区以南,喜马拉雅山脉主脊线以北,是一个东西狭长的地区;⑤藏北高原湖泊盆地牧区,位于西藏自治区北部,该区地势高旷、地形复杂、气候干旱、草原辽阔,大部分为纯牧区,是西藏最大的牧业区;⑥藏北高原未利用区,位于西藏北部,该区高寒、干旱、荒凉,局部草地初步开发为临时性牧场。

1.4　行政区划与人口分布

1.4.1　行政区划

截至 2017 年底,西藏自治区下辖拉萨市、日喀则市、昌都市、林芝市、山南市、那曲市、阿里地区 7 市(区),包括 74 个县(区),12 个街道,140 个镇,545 个乡,9 个民族乡,208 个居委会,5 259 个村委会。具体情况见表 1.1 和表 1.2。

---

① 1 亩≈666.66 m²

表 1.1　西藏自治区行政区划一览表

市（区）	行政区划
拉萨市	城关区、堆龙德庆区、达孜区、墨竹工卡县、曲水县、尼木县、当雄县、林周县
昌都市	卡若区、左贡县、芒康县、洛隆县、边坝县、江达县、贡觉县、类乌齐县、丁青县、察雅县、八宿县
山南市	乃东区、扎囊县、贡嘎县、桑日县、琼结县、洛扎县、加查县、隆子县、曲松县、措美县、错那县、浪卡子县
日喀则市	桑珠孜区、南木林县、江孜县、定日县、萨迦县、拉孜县、昂仁县、谢通门县、白朗县、仁布县、康马县、定结县、仲巴县、亚东县、吉隆县、聂拉木县、萨嘎县、岗巴县
那曲市	色尼区（那曲县）、申扎县、班戈县、聂荣县、安多县、嘉黎县、巴青县、比如县、索县、尼玛县、双湖县
阿里地区	普兰县、札达县、噶尔县、日土县、革吉县、改则县、措勤县
林芝市	巴宜区、米林县、朗县、工布江达县、波密县、察隅县、墨脱县

表 1.2　西藏自治区行政区划数量表

市（区）	市辖区/个	县/个	合计/个
拉萨市	3	5	8
昌都市	1	10	11
山南市	1	11	12
日喀则市	1	17	18
那曲市	1	10	11
阿里地区		7	7
林芝市	1	6	7
总计	8	66	74

1.4.2　人口分布

2017 年，全区常住总人口为 337.15 万人，其中城镇人口 104.14 万人，占全区总人口的比重为 30.89%；农村人口为 233.01 万人，占全区总人口的比重为 69.11%。拉萨市、日喀则市、山南市、昌都市的部分地方，人口相对稠密，可达 13.5 人/km²。阿里地区和那曲市的大部分地方地广人稀，每平方千米不足 1 人。全区农村劳动人口 102.3 万人，大部分人从事农牧业生产等第一产业。

西藏是多民族聚居的地区，以藏族为主，并包括众多其他少数民族，分布在西藏不同的地区，包括门巴族、珞巴族、蒙古族、回族、怒族、纳西族、独龙族等。其中，门巴族、珞巴族是居住在中国西藏的古老民族，主要分布在西藏南部。

1.5 社 会 经 济

西藏按照"重点发展中部，放开搞活西部，联合开发东部，藏北牧矿致富"的原则，促进地区经济的合理布局和协调发展。重点建设以拉萨市、日喀则市为中心的全区经济核心区，把昌都市逐步建成新的增长地，对其他行署所在地进行重点开发，使其成为带动地区经济发展的增长点。

2017 年，西藏自治区地区生产总值 1 310.63 亿元，比 2016 年（1 150.07 亿元）增长 13.96%。其中，第一产业增加值 122.80 亿元，第二产业增加值 514.51 亿元，第三产业增加值 673.32 亿元。人均地区生产总值 39 259 元，城镇居民人均可支配收入 30 671 元，农村居民人均可支配收入 10 330 元。

西藏农牧业近十年来有了很大发展，主要得益于国家对西藏的政策倾斜，加大了科技推广力度，加强了扶贫攻坚计划的实施和水利基础设施的建设，促进了农牧业经济的稳步发展。2017 年全区农作物种植面积 25.5×10^4 hm^2，全年实现粮食总产量 103.20×10^4 t。年末牲畜存栏总数 1 756.39 万头（只、匹），全年猪牛羊肉产量达 30.03×10^4 t，奶类产量 42.27×10^4 t。西藏自治区 2015 年和 2016 年各市（区）生产总值情况见表 1.3。

表 1.3 西藏自治区 2015 年和 2016 年分区生产总值 （单位：亿元）

市（区）	2015 年				2016 年			
	总值	第一产业	第二产业	第三产业	总值	第一产业	第二产业	第三产业
拉萨市	376.73	13.80	140.95	221.98	424.95	15.12	162.80	247.03
昌都市	132.02	21.63	53.45	56.94	147.86	23.19	59.21	65.46
山南市	113.62	5.85	55.21	52.56	126.53	6.14	62.03	58.36
日喀则市	166.85	29.76	54.41	82.68	187.75	30.88	66.72	90.15
那曲市	94.94	14.09	22.74	58.11	106.24	14.72	25.47	66.05
阿里地区	37.12	5.36	11.60	20.16	41.43	5.68	12.94	22.81
林芝市	104.33	8.71	37.83	57.79	115.77	9.25	40.75	65.77

1.6　水资源状况

西藏河流水系发达、湖泊众多、冰川发育。全区多年平均水资源总量为 4 394.65×10⁸ m³（不含地下水），约占全国河川径流量的 16.50%，冰川融水是西藏河流、湖泊的重要补给水源。境内流域面积 1 000 km² 及以上的河流有 331 条，面积大于 1 km² 的湖泊有 816 个，是我国河流分布最多的省区之一，素有"江河源""生态源"和"亚洲水塔"之称，是我国重要水源涵养区，是维系高原生态系统、生物多样性及周边地区生态平衡的安全屏障。

1.6.1　河流水系

西藏河流众多，据不完全统计，在西藏境内流域面积大于 10 000 km² 的河流 28 条，流域面积 100 km² 及以上河流 3 361 条。区内所有江河按其归属可分为 9 大水系（图 1.1），即长江干流雅砻江以上水系、雅鲁藏布江-布拉马普特拉河水系、怒江-萨尔温江水系、澜沧江-湄公河水系、独龙江-伊洛瓦底江水系、狮泉河-印度河水系、羌塘高原内流区、藏南内流区、塔里木内流区。区内河流按其流向可分为外流河和内流河两种。面积辽阔、地形复杂、海拔高、落差大及气温、降水等条件使西藏境内水资源十分丰富。

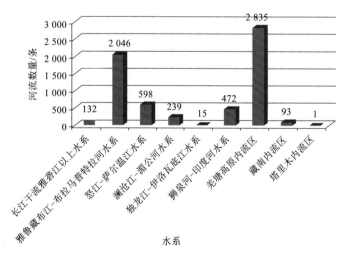

图 1.1　西藏自治区内 9 大水系分布

1. 河流概况

根据 2011 年水利普查数据中对第二代河流名录的统计,西藏自治区标准以上河流 6 418 条(指流域面积≥50 km² 的河流),其中各类跨界河流 722 条,见表 1.4~表 1.6。跨国河流总数为 59 条,县内河流 5 709 条,见表 1.7(西藏自治区水利厅,2015)。

表 1.4　西藏自治区各类跨界标准以上河流一览表

项目	跨县	跨地	跨省	跨国	总数
各类跨界数量/条	377	185	101	59	722
跨界占比/%	52.22	25.62	13.99	8.17	

注:流域面积≥50 km² 河流

表 1.5　西藏自治区标准以上跨国河流一览表

项目	跨缅甸	跨不丹	跨尼泊尔	跨印度	跨国总数
数量/条	12	5	12	30	59
占比/%	20.34	8.47	20.34	50.85	

注:流域面积≥50 km² 河流

表 1.6　西藏自治区标准以上跨省河流一览表

项目	跨新疆	跨青海	跨四川	跨云南	总数
数量/条	23	45	29	4	101
占比/%	22.77	44.55	28.71	3.96	

注:流域面积≥50 km² 河流

表 1.7　西藏自治区标准以上县内河流各地市分布一览表

市(区)	流域面积≥50 km²		流域面积≥100 km²		流域面积≥500 km²		流域面积≥1 000 km²	
	数量/条	占比/%	数量/条	占比/%	数量/条	占比/%	数量/条	占比/%
拉萨市	156	2.73	75	2.62	8	1.86	4	2.25
昌都市	520	9.11	217	7.58	29	6.73	12	6.74
日喀则市	853	14.94	400	13.98	58	13.46	24	13.48
那曲市	1 594	27.92	844	29.49	126	29.23	47	26.4
林芝市	572	10.02	274	9.57	53	12.3	23	12.92

续表

市（区）	流域面积≥50 km²		流域面积≥100 km²		流域面积≥500 km²		流域面积≥1 000 km²	
	数量/条	占比/%	数量/条	占比/%	数量/条	占比/%	数量/条	占比/%
山南市	374	6.55	164	5.73	23	5.33	8	4.50
阿里地区	1 640	28.73	888	31.03	134	31.09	60	33.71
总计	5 709		2 862		431		178	

2．主要河流

西藏河流有的最终注入海洋，有的注入内陆湖泊。一般较大的河流均属外流河。在外流河中，按河长排序，依次是雅鲁藏布江、怒江、澜沧江等。按产流量，依次是雅鲁藏布江、怒江、西巴霞曲、丹龙曲和察隅曲等。西藏自治区主要河流特征见表 1.8（西藏自治区水利厅，2015）。

表 1.8　西藏自治区主要河流特征表

河流名称	河长/km	流域面积/km²	河流平均比降/‰	多年平均年降水深/mm	多年平均年径流深/mm
雅鲁藏布江	2 296	242 861	1.29	1 262.1	951.6
怒江	2 091	137 026	1.46	890.6	532.8
澜沧江	2 194	164 778	1.43	971.8	445.6
狮泉河	482	27 452	1.54	126.2	21.3
象泉河	385	26 022	6.45	250.0	84.1
西巴霞曲	428	30 910	4.90	2 211.2	1 748.3
朋曲	404	31 827	2.10	536.3	366.6

1）雅鲁藏布江

雅鲁藏布江为西藏第一大河，发源于喜马拉雅山北麓仲巴县境内的杰马央宗冰川，流至仲巴县里孜的一段称当曲藏布（马泉河），以下始称雅鲁藏布江，流域位于东经 82°00′~97°07′和北纬 28°00′~31°16′。上游马泉河流荡在海拔高程 4 700 m 以上的高原上，全长 183 km，河谷宽阔，河床坡度很小，水量亦少，多弯曲汊流，水很浅，清澈见底。从仲巴县里孜到米林县派区为雅鲁藏布江中游，长 1 340 km，河床海拔高度从 4 600 m 下降到 2 800 m，河谷宽窄相间，一束一放，犹如串珠。比较著名的峡谷有日喀则市大竹卡与尼木县间的尼木峡谷和桑日县以下的加查峡谷。宽谷河段一般宽 5~10 km，江宽水深，坡度小，水流平稳，从拉孜县至泽当镇 400 km 的一段可以通航牛皮船和木船。中游段两侧汇集了雅鲁藏布江的许多主要支流，如年楚河、拉萨河、尼洋河等，这些支流不但提供了丰富的水量，还形成了广阔的河谷平原，如拉萨平原、日喀则平原等。中游宽谷气候条件较好，全年有六七个月的生长期，年降水量可达 500 mm 以上，为西藏的农业发展提供了有利条件。从米林县派区以下，通过著名的大拐弯峡谷，最后经珞瑜地区流入印度后改称布拉马普特拉河。雅鲁藏布江流经萨嘎县等 23 个县和珞瑜地区，全长 2 057 km，流域面积 240 480 km^2，流域平均海拔 4 500 m 左右，是世界上海拔最高的大河。在全国各大河流中，雅鲁藏布江的长度居第 5 位，流域面积居第 6 位，流量居第 3 位，水能蕴藏量居第 2 位，单位面积的水能蕴藏量居首位。

2）怒江

怒江为西藏第二大河，属国际河流，流域位于东经 91°13′~98°45′和北纬 28°14′~32°48′，发源于青藏高原的唐古拉山南麓的吉热拍格。它深入青藏高原内部，源流称纳金曲，南流入错那湖，过那曲县东流称那曲，与右岸支流姐曲汇合后称怒江。至西藏昌都市附近转向南流，穿行于怒山和高黎贡山之间，几乎与澜沧江平行，经怒江傈僳族自治州、保山市和德宏傣族景颇族自治州，至云南省保山地区的张赛附近进入缅甸，流入缅甸后改称萨尔温江，萨尔温江向南流经掸邦高原，最后在毛淡棉附近注入印度洋的安达曼海。从河源至入海口全长 3 240 km，中国部分 2 013 km，其中云南段长 650 km；总流域面积 32.5×10^4 km^2，中国部分 13.78×10^4 km^2；径流总量约 700×10^8 m^3，云南省内流域面积 3.35×10^4 km^2，占云南省面积的 8.7%。上游除高大雪峰外，山势平缓，河谷平浅，湖沼广布；中游处横断山区，山高谷深，水流湍急。两岸支流大多垂直入江，干支流构成羽状水系。水量以雨水补给为主，大部分集中在夏季，多年变化不大，水力资源丰富。

怒江大部分河段奔流于深山峡谷中，落差大，流势急，多瀑布险滩，上游河流补给以冰雪融水为主，夏季降雨补给，水量丰沛，多年平均径流量 689×10^8 m^3，水能蕴藏量 46 000 MW，占怒江（萨尔温江）水能蕴藏总量的 90%以上。怒江干流水能蕴藏量为 36 410 MW。但是，怒江流域水资源开发利用程度低，截至 20 世纪末，修建中小型水库约 200 座，蓄、引、提水灌溉面积共 6 万多公顷，占耕地面积的 1/4；建中小型水电站约 200 处，装机容量 30~40 MW。

3）澜沧江

澜沧江是发源于中国西南地区，流经缅甸、老挝、泰国、柬埔寨，由越南注入南海的国际河流，位于东经 94°09′~98°44′和北纬 28°37′~32°43′。澜沧江的上源扎曲、子曲，均发源于中国青海省唐古拉山北麓，其向东南流至西藏昌都与右岸支流昂曲汇合后,称为澜沧江。再向南流至云南省境内,先后汇集了漾濞江、威远江、补远江等支流,在西双版纳傣族自治州的景洪县流出中国国境,流出中国国境后称为湄公河。湄公河一路南流,成为缅甸、老挝及泰国的界河,经柬埔寨与越南南部注入南海。澜沧江–湄公河全长 4 880 km,流域面积 $81×10^4\,km^2$,河口多年平均年径流量 $4 750×10^8\,m^3$。澜沧江–湄公河地跨纬度 25°,源头至河门高差 5 000 余米,具有寒带、亚热带、热带各气候带,可开发利用的土地资源丰富,可开发水能资源约 37 000 MW,特别是生物资源丰富,适宜于旅游业的发展。

澜沧江大部分河段位于中国境内,河长 2 161 km（含中缅边界河段 31 km）,流域面积 $19×10^4\,km^2$,中国境内为 $16.74×10^4\,km^2$,中国、缅甸、老挝国界处多年平均年径流量 $760×10^8\,m^3$,其中中国境内为 $740×10^8\,m^3$。澜沧江流域自北向南呈条带状,流域平均宽度约 80 km。河道出青藏高原后,进入高山峡谷区,两岸高山对峙,山峰高出水面 3 000 多米,河谷窄狭坡陡,地势十分险峻。出中国境后,河道开阔平缓。澜沧江流域气温由北向南递增,垂直变化明显,降水量也呈由北向南递增趋势,由 400～1 000 mm 增加到 1 000～3 000 mm。

1.6.2　湖泊

湖泊星罗棋布是西藏水文一大特色,大大小小不下千个,其中约 97% 的湖泊属内陆湖泊。西藏的湖泊面积大于 $1\,km^2$ 的有 816 个,其中,面积大于 $5\,km^2$ 的有 345 个,大于 $50\,km^2$ 的有 104 个,超过 $100\,km^2$ 的有 47 个,大于 $200\,km^2$ 的有 24 个,大于 $500\,km^2$ 的有 7 个,大于 $1 000\,km^2$ 的有 3 个。湖泊总面积 24 183 km^2,湖泊率 2.01%,为全国湖泊平均值的 2.5 倍（西藏自治区地方志编纂委员会,2015）。

1. 湖泊分布

西藏湖泊中 97.9% 属内陆湖,根据水系和湖泊的分布特点,区内湖泊划分为三个区,即藏东南外流湖区、藏南外流–内陆湖区、藏北内陆湖区。

1）藏东南外流湖区

藏东南外流湖区是指东经 92°以东的外流流域,流域总面积约 $34×10^4\,km^2$。区内分布着一系列由东西走向转为南北走向的山系。山脉之间河流发育,形成高山峡谷景观。区域内湖泊面积大于 $1\,km^2$ 的湖泊 52 个,其中面积超过 $5\,km^2$ 的有 13 个。最大的为尼洋曲支流的巴松错,面积为 $26\,km^2$。本区湖泊总面积为 $238\,km^2$,不足西藏湖泊总面积的 1%。本区较大的湖泊均发育在河谷开阔段内,小型湖泊分布在直流的源头附近。区内降水充足,雪线位置低,导致现代海洋型冰川广泛发育。

湖泊的特点与冰川发育有密切的关系,许多湖泊是冰川作用形成的。

2)藏南外流–内陆湖区

藏南外流–内陆湖区是指东经 92°以西、冈底斯山以南地区,大体包括喜马拉雅山与冈底斯山之间的弧形地带。地形基本特点是南北两侧山体巍峨,雪峰林立,但其间地势起伏较缓,多属 4 000～4 600 m 的山地和谷地。以玛旁雍错–拉昂错为界,东侧地表径流汇集于噶尔藏布、郎钦藏布、马甲藏布等河流。藏南湖泊总面积为 2 549 km²,占西藏湖泊总面积的 10.55%,外流湖泊数量少,面积不大,成因和分布与冰川活动有关。本区外流湖泊面积约 160 km²,只占区内湖泊面积的 6.3%,较大的是年楚河的冲巴雍错,湖泊面积 13 km²。内陆湖泊面积 2 389 km²,占区内湖泊面积的 93.7%,多分布在喜马拉雅山北坡,雅鲁藏布江以南地带。最大的湖泊是羊卓雍错,湖泊面积是 638 km²。

3)藏北内陆湖区

藏北内陆湖区是指冈底斯山及念青唐古拉山脉以北的藏北高原。湖泊面积为 21 396 km²,占西藏湖泊总面积的 88.5%。藏北是我国湖泊面积最大、最集中的地区之一。喜马拉雅山和冈底斯山阻隔了北上的印度洋暖湿气流,导致该地区干燥寒冷,并存在自东向西、由南向北越来越寒冷和干燥的特点。根据此特点,藏北内陆湖泊又分为藏北南部湖区和藏北北部湖区。区内多为咸水湖,而淡水湖较为少见。

2．主要湖泊

1)纳木错

"纳木错"为藏语,蒙古语名称为"腾格里海",都是"天湖"之意(图 1.2)。纳木错是西藏的"三大圣湖"之一。 纳木错是古象雄佛法雍仲本教的第一神湖,为著名的佛教圣地之一。

纳木错位于西藏自治区中部,北纬 30°30′～30°56′和东经 90°16′～91°03′。湖面海拔 4 718 m,形状近似长方形,东西长七十多千米,南北宽三十多千米,面积约 1 920 km²。蓄水量 768×10⁸ m³,为世界上海拔最高的大型湖泊。

纳木错南面有终年积雪的念青唐古拉山,北侧和西侧有高原丘陵和广阔的湖滨。它的东南部是直插云霄、终年积雪的念青唐古拉山的主峰,北侧是和缓连绵的高原丘陵,广阔的草原绕湖四周,天湖像一面巨大宝镜,镶嵌在藏北的草原上。纳木错湖水靠念青唐古拉山的冰雪融化后补给,沿湖有不少大小溪流注入,主要有波曲、昂曲、测曲、你亚曲等。

图 1.2 纳木错

2) 羊卓雍错

羊卓雍错,藏语意为"碧玉湖",是西藏三大圣湖之一,像珊瑚枝一般,因此,它在藏语中又被称为"上面的珊瑚湖"(图 1.3)。羊卓雍错位于北纬 28°46′~29°11′和东经 90°21′~91°15′。湖面海拔 4 441 m,湖泊面积 614 km²,容积 146×10⁸ m³,属咸水湖,也是一个构造湖泊,是喜马拉雅山北麓最大的内陆湖。

图 1.3 羊卓雍错

流入羊卓雍错的河主要分布在湖的南岸、东南岸及西岸,其中较大的有卡洞加曲、嘎马林河、卡鲁雄曲、浦宗曲、香达曲、曲清河等。

3)色林错

色林错,藏语意为"威光映复的魔鬼湖",曾名奇林湖、色林东错,是青藏高原形成过程中产生的一个构造湖,为大型深水湖(图 1.4)。色林错地处西藏自治区申扎县、班戈县和尼玛县三县交界处,位于冈底斯山北麓,申扎县以北,位于东经88°33′~89°21′和北纬 31°34′~31°57′。湖面海拔 4 530 m,形状不规则,长轴呈东西向延伸,湖泊面积 1 640 km²。

图 1.4　色林错

流域内有许多河、湖串通,组成了一个内陆湖群,流域面积 45 530 km²,居西藏内陆水系首位。主要入湖河流有扎加藏布、扎根藏布、波曲藏布等,均从其东南部汇入。

4)易贡错

易贡错是西藏自治区著名外流湖(图 1.5)。位于念青唐古拉山南麓,帕隆藏布最大支流易贡藏布下游宽谷中,林芝市波密县境内,北纬 30°14′,东经 94°53′。系 1900 年章龙弄巴特大泥石流堵堰易贡藏布而形成的堰塞湖,长 17 km,平均宽1.3 km。湖泊面积 22 km²,湖面海拔 2 200 m,湖水矿化度为 60 mg/L,属淡水湖。流域面积 13 534 km²,气候温和湿润,年均温 11.4℃,最热月均温 18.1℃,年降水量 960.5 mm。

图 1.5　易贡错

易贡错除干流易贡藏布外,左侧有勒曲藏布汇入,湖盆两侧还有十多条源于冰川的支流,其中较大的有康波弄巴、索白曲、曲泽弄巴、帕隆弄巴、札木弄巴等。

西藏境内面积大于 200 km² 的湖泊概况见表 1.9。

表 1.9　西藏境内面积大于 200 km² 的湖泊概况

湖泊名称	湖面海拔 /m	湖面面积 /km²	湖泊类型	湖泊名称	湖面海拔 /m	湖面面积 /km²	湖泊类型
纳木错	4 718	1 920	咸	吴如错	4 552	351	淡
色林错	4 530	1 640	咸	多尔索洞错	4 749	350	咸
扎日南木错	4 613	1 023	咸	鲁玛江冬错	4 810	322	咸
当惹雍错	4 535	835	咸	佩枯错	4 591	300	咸
羊卓雍错	4 441	614	咸	普莫雍错	5 009	284	淡
昂拉仁错	4 689	560	咸	拉昂错	4 573	269	淡
塔若错	4 545	520	咸	错鄂湖	4 562	244	咸
格仁错	4 650	466	咸	郭扎错	5 080	244	北淡南咸
班公错	4 241	413	东淡西咸	达则错	4 461	243	咸
玛旁雍错	4 588	412	淡	许如错	4 714	208	咸
昂孜错	4 638	406	咸	扎布耶茶卡	4 400	235	咸
多格仁错	4 814	394	咸	仁青休布错	4 760	200	咸

1.6.3 水资源开发

西藏冰川富集，面积约为 $2.74 \times 10^4 \text{km}^2$，分为大陆型冰川和海洋型冰川两大类，其中 75%的冰川为外流水系，25%为藏北内流水系（西藏自治区地方志编纂委员会，2015）。

1. 水资源量

2017 年全区地表水资源量为 $4749.93 \times 10^8 \text{m}^3$。地表水资源量按地级行政区统计，林芝市最多，拉萨市最少。按水资源二级区统计，藏南诸河地表水资源量最多，藏西诸河最少。西藏河川径流的补给类型多样，冬季径流主要为地下水补给，而夏季随着气温的升高，径流主要由雨水和冰雪融水补给，春秋两季为过渡期，径流补给介于两者之间。径流的年内分配在一定程度上取决于河流的补给类型，对于冰雪融水和雨水补给为主的河流，由于夏季温度高，冰雪融水量大，降雨量大，径流量主要集中在 6～9 月，连续最大 4 个月径流量占年径流总量的 70%～80%；以地下水补给为主的河流，连续最大 4 个月（7～10 月）的径流量占年径流量的 60%～70%。

2017 年全区地下水资源量 $1086.04 \times 10^8 \text{m}^3$。西藏地形切割较深，岩溶不发育，地下水与地表水的分水岭基本一致。因此，全区地下水资源量均按山丘区来计算河川基流量，将其作为地下水资源量。

2017 年全区水资源总量 $4749.93 \times 10^8 \text{m}^3$。其中，地表水资源量为 $4749.93 \times 10^8 \text{m}^3$，地下水资源量为 $1086.04 \times 10^8 \text{m}^3$（重复计算量），人均占有水资源量为 $14.1 \times 10^4 \text{m}^3$。各市（区）水资源量从大到小依次为：林芝市 $2455.80 \times 10^8 \text{m}^3$，占全区水资源总量的 51.70%；其次是山南市 $762.99 \times 10^8 \text{m}^3$，占全区水资源总量的 16.06%；昌都市 $449.94 \times 10^8 \text{m}^3$，占全区水资源总量的 9.47%；那曲市 $424.34 \times 10^8 \text{m}^3$，占全区水资源总量的 8.93%；日喀则市 $414.25 \times 10^8 \text{m}^3$，占全区水资源总量的 8.72%；阿里地区 $150.39 \times 10^8 \text{m}^3$，占全区水资源总量的 3.17%；水资源量最小的是拉萨市 $92.22 \times 10^8 \text{m}^3$，占全区水资源总量的 1.94%。西藏各市（区）水资源量详见图 1.6。

2. 水资源开发利用

2017 年西藏自治区总供水量为 $31.4032 \times 10^8 \text{m}^3$，其中地表水源供水量为 $27.7952 \times 10^8 \text{m}^3$，占总供水量的 88.51%；地下水源供水量 $3.5660 \times 10^8 \text{m}^3$，占总供水量的 11.36%；其他供水量 $0.0420 \times 10^8 \text{m}^3$，占总供水量的 0.13%。地表水源供水

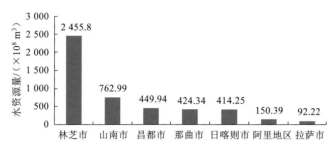

图 1.6　2017 年西藏各市（区）水资源量

中，蓄水工程供水量为 $7.130\,3\times10^8\,\mathrm{m}^3$，占 25.65%；引水工程供水量为 $19.280\,1\times10^8\,\mathrm{m}^3$，占 69.37%；提水工程供水量为 $1.384\,8\times10^8\,\mathrm{m}^3$，占 4.98%。具体见图 1.7，各市（区）供水量见表 1.10。

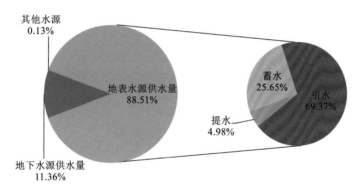

图 1.7　2017 年西藏自治区供水比例图

表 1.10　2017 年西藏各市（区）供水量表　　　　　　（单位：$\times10^8\,\mathrm{m}^3$）

市（区）	地表水源供水量				地下水源供水量	其他水源	总供水量
	蓄水	引水	提水	合计			
拉萨市	0.642 2	3.884 2	0.251 0	4.777 4	2.185 2	0.008 4	6.971 0
日喀则市	3.919 9	6.137 6	0.696 0	10.753 5	0.321 8	0.031 0	11.106 3
山南市	1.275 0	2.797 9	0.258 0	4.330 9	0.657 9	0.002 6	4.991 4
林芝市	0.156 4	1.894 0	0.035 0	2.085 4	0.082 1		2.167 5
昌都市	0.674 2	2.900 9	0.132 0	3.707 1	0.229 7		3.936 8
那曲市	0.226 0	1.135 6	0.006 8	1.368 4	0.038 8		1.407 5
阿里地区	0.236 6	0.529 9	0.006 0	0.772 5	0.050 5		0.823 0
合计	7.130 3	19.280 1	1.384 8	27.795 2	3.566 0	0.042 0	31.403 2

2017 年全区总用水量为 $31.403\,2 \times 10^8\,m^3$。农业用水量 $26.941\,0 \times 10^8\,m^3$，占总用水量的 85.79%，其中农田灌溉占 68.87%，林牧渔畜占 16.92%；工业用水量 $1.539\,1 \times 10^8\,m^3$，占总用水量的 4.90%；生活用水量 $1.254\,0 \times 10^8\,m^3$，占总用水量的 4.00%；城镇公共用水量 $1.449\,0 \times 10^8\,m^3$，占总用水量的 4.61%；城镇环境用水量 $0.220\,1 \times 10^8\,m^3$，占总用水量的 0.70%。具体见图 1.8，各市（区）各行业用水量情况见表 1.11。

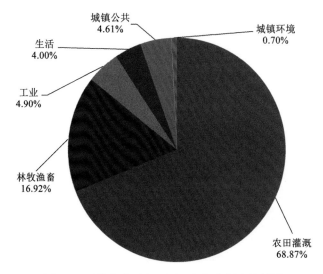

图 1.8　西藏自治区市（区）各行业用水比例图

表 1.11　2017 年西藏市（区）各行业用水量表　（单位：$\times 10^8\,m^3$）

市（区）	农田灌溉	林牧渔畜	工业	生活	城镇公共	城镇环境	合计
拉萨市	4.071 0	0.585 0	0.916 4	0.709 0	0.504 0	0.185 6	6.971 0
日喀则市	8.412 0	1.968 9	0.225 0	0.164 0	0.311 0	0.025 4	11.106 3
山南市	3.666 0	0.893 3	0.176 3	0.077 0	0.178 0	0.000 8	4.991 4
林芝市	1.846 0	0.141 2	0.039 8	0.054 0	0.084 0	0.002 5	2.167 5
昌都市	2.867 0	0.588 5	0.144 8	0.149 0	0.185 0	0.002 5	3.936 8
那曲市	0.231 0	0.930 0	0.017 2	0.083 0	0.146 0		1.407 2
阿里地区	0.535 0	0.206 1	0.019 6	0.018 0	0.041 0	0.003 3	0.823 0
合计	21.628 0	5.313 0	1.539 1	1.254 0	1.449 0	0.220 1	31.403 2

第 2 章

西藏农牧区饮水工程概况

  农村饮水安全是关系西藏农牧民身心健康、生命安全及农村社会经济发展和农民生活水平提高的重要问题。本章在介绍西藏农牧区水利工程发展现状的基础上,对农牧区饮水工程发展的 4 个阶段进行论述,并重点对农村饮水安全巩固提升工程在建设管理方面的经验进行总结。

2.1　农牧区水利发展现状

2.1.1　防洪工程

据《西藏水利概况》(西藏自治区水利厅,2015)可知,西藏全区堤防总长度为 2 023.57 km,5 级以上堤防长度为 693.15 km,占总长度的 34.25%,详见表 2.1。其中,西藏拉萨市 1 级、2 级堤防工程长度比其他地区都长,而日喀则市 3 级、4 级、5 级堤防工程长度则比其他地区长。各市(区)堤防工程不同级别堤防长度见表 2.2。

表 2.1　西藏不同级别堤防长度

项目	1 级	2 级	3 级	4 级	5 级	其他	合计
长度/km	13.10	64.91	372.51	94.88	147.75	1 330.42	2 023.57
比例/%	0.65	3.21	18.41	4.69	7.30	65.74	100.00

表 2.2　2015 年西藏各市(区)堤防工程不同级别堤防长度　(单位:km)

市(区)	不同级别堤防长度				
	1 级	2 级	3 级	4 级	5 级
拉萨市	13.10	21.57	18.32	2.11	15.86
昌都市	0.00	6.54	20.28	4.63	17.15
山南市	0.00	6.85	75.10	21.04	30.04
日喀则市	0.00	0.00	225.28	42.09	80.38
那曲市	0.00	0.00	17.12	13.75	3.99
阿里地区	0.00	12.22	11.24	4.15	0.00
林芝市	0.00	17.73	5.17	7.11	0.33
合计	13.10	64.91	372.51	94.88	147.75

截至 2011 年底,西藏各市(区)已实施堤防长度见表 2.3,拉萨市已实施防洪堤 16 处,长度 70.97 km;昌都市已实施防洪堤 43 处,长度 48.61 km;山南市已实施防洪堤 39 处,长度 133.02 km;日喀则市已实施防洪堤 64 处,长度 347.76 km;那曲市已实施防洪堤 23 处,长度 34.85 km;阿里地区已实施防洪堤 9 处,长度 27.61 km;林芝市已实施防洪堤 14 处,长度 30.34 km。

表 2.3　2010 年西藏各市（区）已实施堤防长度

项目	拉萨市	昌都市	山南市	日喀则市	那曲市	阿里地区	林芝市
数量/个	16	43	39	64	23	9	14
长度/km	70.97	48.61	133.02	347.76	34.85	27.61	30.34

　　西藏地区重要堤防工程主要有拉萨市堤防工程、昌都镇堤防工程、拉萨机场堤防工程、八一镇堤防工程。其中，拉萨市堤防工程于 2006 年 8 月 8 日完工，总投资 1.83 亿元，完成堤防总长达 27 km，丁坝 12 座、分洪闸 6 座、引水闸 1 座以及配套设施，设计防洪标准为 100 年一遇。昌都镇堤防工程于 2013 年又进行了续建，总投资 1.2 亿元，完成堤防长度 12 km，共有涵管 118 个，设计防洪标准为 50 年一遇。拉萨机场堤防工程总投资 1.22 亿元，整个工程包括以下几个部分：防洪堤，堤长 18.75 km；分洪渠 3 条，总长 5.06 km；泵站 4 座，装机容量 660 kW；排水渠 4 条，总长 19.2 km；倒虹吸 2 条，总长 88.72 m；电站进水闸 1 座；尾水闸 1 座；排水渠排水闸 4 座。设计防洪标准为 50 年一遇，排水渠设计标准是按 10 年一遇 24 小时暴雨 24 小时排干标准。八一镇堤防工程 2007 年进一步扩建，总投资 0.88 亿元，共完成城区堤防工程总长达到 23.63 km，设计防洪标准为 50 年一遇。

2.1.2　农业灌溉工程

1. 灌区基本概况

　　截至 2011 年底，西藏灌区共有 6 315 处，其中，灌区数最多的是日喀则市（2 416 处），其次是山南市（1 957 处），那曲市最少，只有 15 处。灌区规模在 2 000 亩以上最多的也是日喀则市（155 处），其次是拉萨市（68 处），那曲市最少，只有 3 处。林芝市和昌都市则只有河湖饮水闸（坝、堰），分别为 17 处和 8 处。具体情况见表 2.4。

表 2.4　西藏各市（区）灌区工程类型

市（区）	主要水源工程类型/处						灌区规模/处			灌区数
	水库	塘坝	河湖泵站	河湖引水闸	机电井	其他	2 000 亩以上	2 000 亩以下	纯井灌区	
拉萨市	10	7	0	57	2	5	68	501	11	580
昌都市	0	0	0	8	0	0	8	794	0	802
山南市	4	4	0	39	39	0	47	1799	111	1957
日喀则市	19	25	1	107	0	3	155	2239	22	2416

市（区）	主要水源工程类型						灌区规模			灌区数
	水库	塘坝	河湖泵站	河湖引水闸	机电井	其他	2 000 亩以上	2 000 亩以下	纯井灌区	
那曲市	0	0	0	2	0	1	3	12	0	15
阿里地区	1	2	0	20	0	1	24	190	0	214
林芝市	0	0	0	17	0	0	17	314	0	331
合计	34	38	1	250	41	10	322	5849	144	6315

　　西藏总灌溉面积为 504.12 万亩，其中日喀则市总灌溉面积最多（211.38 万亩），其次是山南市（131.51 万亩），那曲市最少，只有 1.41 万亩。西藏高效节水灌溉面积仅有 1.26 万亩，2011 年实际灌溉面积 488.15 万亩。西藏各市（区）灌溉面积详见表 2.5。

表 2.5　西藏各市（区）灌溉面积

市（区）	2000 亩以上 /万亩	2000 亩以下 /万亩	纯井灌区 /万亩	高效节水 /万亩	2011 年实际面积/万亩	总灌溉面积 /万亩
拉萨市	56.79	20.73	0.29	0	83.66	86.75
昌都市	3.47	24.40	0	0.63	28.69	29.62
山南市	55.16	67.83	2.74	0	131.01	131.51
日喀则市	110.13	86.56	1.82	0.24	205.03	211.38
那曲市	0.96	0.45	0	0.29	1.41	1.41
阿里地区	10.69	7.49	0	0	19.03	19.32
林芝市	9.39	11.90	0	0.10	19.31	24.13
合计	246.59	219.35	4.84	1.26	488.15	504.12

2. 各市（区）主要灌区

　　西藏共有大型灌区 1 处（设计灌溉面积 30 万亩及以上的灌区），占西藏灌溉面积的 0.02%；中型灌区 61 处（设计灌溉面积 1 万～30 万亩的灌区），占西藏总灌溉面积的 0.97%；小型灌区 6253 处（设计灌溉面积 1 万亩以下及纯井的灌区），占西藏总灌溉面积的 99.01%。其中，重要的灌区工程有拉萨市的墨达灌区、澎波灌区，山南市的江北灌区、雅砻灌区和日喀则市的满拉灌区等。西藏各市（区）主要灌区工程详见表 2.6。

表2.6 西藏各市（区）主要灌区工程

市（区）	主要灌区工程
拉萨市	墨达灌区、城关–曲水灌区、澎波灌区、普松灌区、琼普灌区
昌都市	吉塘灌区、莽错灌区、俄洛灌区、鲁仁灌区、扎西则灌区
山南市	江北灌区、曲措灌区、雅砻灌区、江雄灌区
日喀则市	多白灌区、满拉灌区、曲美灌区、恰央灌区、若措灌区
那曲市	
阿里地区	扎得灌区、香孜灌区、赤得灌区、胜利灌区、农发灌区
林芝市	更百灌区、觉木灌区、玉倾灌区

3. 重要灌区

1）雅砻灌区

雅砻灌区是西藏自治区三大灌区之一。工程位于雅鲁藏布江南岸的山南市境内。雅砻河及其支流琼结河贯穿整个工程区。工程区内有山南市政府所在地的泽当镇和乃东县、琼结县等重要城镇，人口相对稠密，经济相对发达。

灌区于2001年7月开工建设，主要包括渠首工程（10处干渠取水口工程、4处截潜流工程、145处机井）、渠系建筑物工程（干渠工程有10条，即雅砻东、西干渠、琼果主干渠和琼果东、西干渠等，总长89.8 km；支渠88条，总长度为39.6 km，另有干渠配套交叉建筑工程）、田间工程（喷灌农田面积15 000亩，普通节水灌溉农田面积185 158亩，林木草地灌溉面积116 210亩）、水土保持工程（治理河道40 km），灌溉面积总计31.64万亩。

工程分近期（到2005年）和远期建设，2015年已完工。总投资33 867.59万元，其中"十五"期间总投资15 000万元，全部申请国家解决。

2）江北灌区

江北灌区水利工程是自治区"十一五"重点项目之一，工程地处山南市雅鲁藏布江中游北岸，建设范围涉及贡嘎县、扎囊县、乃东县、桑日县4县的10个乡（镇）、37个行政村，受益农户5 802户，共计19 105人，规划控灌总面积35.06万亩。工程建设规模及内容为森布日、留琼、昌果、阿扎、松卡、桑耶、洛沟、多颇章、结巴、降乡10个独立子灌区及附属工程。

江北灌区于2008年5月开工建设，已实施了10个子灌区（结巴、桑耶、降乡、森布日、昌果、松卡、多颇章、阿扎、留琼和洛沟子灌区）共 30 个子项目的建设，概算总投资 111 717.81 万元。主要建设内容包括：取水枢纽 19 座；提灌站 8 座；干渠 23 条，总长 230.42 km；支渠 167 条，总长 180.32 km；斗渠 273 条，总长 143.16 km；水库（塘）26 座，总库容 1 561.87×10^4 m^3；渠系建筑物 6 744 座。

2.1.3　农村供水工程

水是生命之源、生产之要、生态之基，是人类赖以生存和社会经济发展的必须物质，水质的好坏直接影响农牧民的身心健康，影响社会生产力的发展。农村饮水工程旨在提高当地农牧民生活质量和生活水平，使广大农牧民群众感受到党中央和自治区对他们的关怀和照顾。因此，解决好全区农村饮水安全问题，是关系全区农牧民的身心健康，关系农村社会生产力的发展，关系全区社会稳定、边疆稳定的头等大事，关系 2020 年贫困地区如期脱贫。

西藏在特殊的自然地理条件下，人民生产条件差，生活水平低。在实施农村饮水项目之前，西藏大部分农村人畜饮水，基本上靠人背畜驮，条件差的地方人畜共饮一个池塘水或一条河沟流水，特别是矿物质多的地方人畜饮水水质问题更加突出。

党中央、国务院、自治区高度重视农村饮水工作，自实施饮水解困工程以来，在各级党委和政府的高度重视和大力支持下，自治区农村饮水困难得到了有效解决，农村饮水安全工程建设实现了从"量"到"质"的发展转变。

西藏的农村饮水安全工程可分为 4 个发展阶段。

第 1 个阶段为西藏和平解放至 2000 年底。当时国家财力有限，地方建设资金缺乏，人畜饮水建设很少。在 20 世纪 70 年代后期，西藏才开始组建专业打井队伍，先后在拉萨市、山南市等地区打井提水，解决群众饮水困难。20 世纪 90 年代至 2000 年底，随着水利事业的基础设施地位日益加强，对水利事业的投入，尤其是对农村人畜饮水的资金投入逐渐加大，开始实施国家"八七"扶贫攻坚计划，使该区在解决农村人畜饮水方面有了较快的发展。

第 2 个阶段为 2000 年底至 2004 年底，该阶段是自治区解决人畜饮水困难时期。首先是广大干部群众对解决人畜饮水困难有了更迫切的要求，渴望喝上清洁卫生水已成了他们的共同心愿；其次是投资渠道的多元化，由原来的政府、水利部门投资建设，转变为水利部门、扶贫部门、农发部门、民政部门、卫生部门等多部门多渠道投资建设的格局；再次是投资力度加大，工程规范、设计水平都有了提高，工程措施日趋成熟，随着科技的发展，新材料、新技术在工程中得到了应用。人畜饮水困难问题的解决,在一定程度上解放了生产力,农牧民身体健康水平有了提高,促进了当地经济的发展和社会的稳定。

西藏自治区人畜饮水解困工程在 2000 年底至 2004 年底间共完成投资 4.00 亿元,实际解决了 61.41 万人饮水困难问题,共建成 3 980 个工程点(其中管道引水 1 918 处、保暖井 1 081 眼、太阳能光伏井 17 眼、手压井 964 眼)。

第 3 个阶段为 2005 年底至 2015 年底,农村饮水安全问题引起西藏自治区政府及水利厅高度重视,制定实施了《西藏自治区农村饮水安全工程"十二五"规划》,连续多年将农村饮水安全工程列入"民生工程"。

据统计,2005~2015 年,全区农村饮水安全工程投资共 22.29 亿元,解决了 235.7 万人次的饮水安全问题。

第 4 个阶段为 2016 年底至 2020 年,该阶段是自治区农村饮水巩固提升阶段。《西藏自治区委员会 西藏自治区人民政府关于印发〈西藏自治区打赢深度贫困地区脱贫攻坚战三年行动计划〉的通知》(藏党发〔2018〕18 号)中明确指出"补齐水利发展短板。以解决贫困人口安全饮水、灌溉、防洪等问题为重点,加快实施贫困地区人畜饮水安全巩固提升工程,到 2020 年全面解决贫困人口安全饮水问题"。而《西藏自治区农村饮水安全巩固提升工程"十三五"规划报告》(以下简称《规划》)的印发,为"十三五"全区农村饮水安全巩固提升工作打下了一个好的基础,为全区 2016~2017 年农村饮水安全巩固提升工作开展发挥了重要的指导作用。

2.2 人畜饮水解困工程

2.2.1 概况

人畜饮水工程是名副其实的"民心工程"和"德政工程"。项目建成后,农牧民群众摆脱了祖祖辈辈饮用不洁水的困难状况,流行疾病明显减少,卫生意识也明显增强,村镇面貌焕然一新。

全区农村"十五"(2001~2004 年)饮水解困项目,原计划投资 5.68 亿元,第一期项目计划解决 15 万人、167 万头(只、匹)牲畜的饮水困难,第二期项目计划解决 40 万人、527 万头(只、匹)牲畜的饮水困难。截至 2004 年底,已完成投资 3.912 4 亿元,实际解决了 50.3 万人、556 万头(只、匹)牲畜饮水困难问题,原计划中尚余 4.7 万人、138 万头(只、匹)牲畜饮水解困任务暂时未完成。两期共建成 3 980 个工程点(其中管道引水 1 918 处,保暖井 1 081 眼,太阳能光伏井

17 眼，手压井 964 眼）。通过近四年农村人畜饮水解困项目实施情况看，项目建设决策正确，项目建设管理规范，项目工程质量较好，总体进展较顺利，工程效益显著，受益区的农牧民群众摆脱了祖祖辈辈吃脏水、喝苦水的困难状况，身体健康得到较好的保障，受益村群众流行疫病明显减少，身体素质明显提高，卫生意识明显增强。特别是把群众从繁重的背水劳动中解脱出来，极大地鼓舞了群众发展生产和脱贫致富的信心。许多地方以人畜饮水解困为契机，发展了庭院经济，开展了种养殖业，有力地促进了当地经济的发展。降低了发病率，节省了医疗费，增加了庭院经济收入，增加了劳务输出，畜禽增重增加了农牧民收入。饮水工程深受广大农牧民群众的欢迎，被农牧区百姓誉为一项名副其实的"民心工程"和"德政工程"。

根据《西藏自治区农村饮水现状调查评估报告》显示，截至 2004 年底，全区通过"十五"前后农村饮水工程建设共有 62.117 5 万农村人口饮水达到安全和基本安全标准（图 2.1 和图 2.2）。

图 2.1　江达县人畜饮水解困工程

图 2.2　班戈县人畜饮水解困工程

2.2.2　典型工程

1. 德庆镇新仓村 1 组、2 组饮水工程

该工程点距达孜区德庆镇 2.5 km，饮水方式为自流饮水，有取水口 1 座、蓄水池 1 座、入户给水墩台 85 座、检查井 6 座、输配管网 9 156 m。解决了 85 户、483 人、1 311 头牲口的饮水困难问题，工程总投资 43.54 万元，其中国家投资 36.39 万元，群众劳务投入 7.15 万元。

2. 浪卡子镇道布龙村人畜饮水解困工程

道布龙村属浪卡子镇行政村。工程建设进水口长度 25 m，检查井 1 座，蓄水池 1 座(容量 30 m³)，室外取水点 6 处，室内取水点 2 处，安装 PE100 管道长 350 m。解决了 928 人、10 153 头牲畜的饮水困难问题，以及耕地 364 亩、草场 1 520 亩的灌溉用水问题。国家投资 24.81 万元，农牧民劳务投入 5.35 万元。

3. 乃东县昌珠镇克麦居委会人畜饮水工程

克麦居委会位于乃东县昌珠镇，距离县城 8 km，平均海拔 3 600 m，国家投资 41.76 万元，劳务投入 11.22 万元。昌珠镇克麦居委会人畜饮水工程主要包括机井、蓄水池、操作井、配水房等建筑物以及管道安装。

2.3　农村饮水安全工程

2.3.1　工程概况

"十二五"以来,自治区政府及水利厅高度重视农村饮水安全工作,连续多年将农村饮水安全工程列入"民生工程",安全饮水工程建设标准逐步提高。在实施农村饮水安全工程中,优先确保农牧民饮水安全,优先解决地方病地区饮水安全问题,寻找新水源,建设供水工程。优先解决取水、饮水特别困难地区的饮水安全问题,优先安排安居工程项目中的配套供水工程建设,优先开发乡镇供水和数个村庄集中连片供水项目,提高供水的保障率和供水机构的积极性。

针对各地不同的水文、地质和气象等情况,《西藏自治区农村饮水安全工程"十二五"》(简称"规划")解决了 73.49 万农村居民及农村学校师生饮水安全问题,规划总投资 79 695 万元。全区因地制宜,或铺设饮水管道,或建设机井、大口保暖井(图2.3)、光伏井等,从原来的集中公共给水点发展到自来水入户、地表水供水发展到更优质的地下水供水、定时供水发展到全天候供水,这大大提高了供水质量,改善了用水条件,解决了大部分农牧民和农村居民饮水安全问题(图2.4)。饮水安全工程的实施,不仅有效提高了农牧民的健康水平,还极大地解放了农村劳动力,增加了家庭经济收入。

图 2.3　日土县农村饮水安全工程——大口井

图 2.4　寺庙供水工程

2.3.2　工程管理现状

1. 计量设施安装

水表安装与水费征收不到位和管理职能弱化，农村饮水安全工程的可持续性缺乏保障。目前，日喀则市部分县有关部门为了充分发挥工程效益，确保工程的正常运行，走"以水养水"之路。根据《中华人民共和国水法》和《西藏自治区水利工程水费计收和使用管理办法》的相关规定，结合县实际情况研究制定了水费计收使用和运行管理办法（试行）。但是县级农饮工程所在地较为分散，加之当地群众有偿用水意识淡薄，导致"办法"实施力度不大，效益不高，使得机井工程建成后的维修、维护成为一大难题。

2. 水价及收费机制

《西藏自治区农村饮水安全巩固提升工程"十三五"规划报告》明确提出："加快建立合理水价机制，按照'补偿成本、公平负担'的原则，建立农村用水户协会，充分考虑所在地的具体情况及群众的承受能力，广泛征求意见，根据运行成本，合理确定水费标准；所收水费，必须专户储蓄，做到专款专用，不得挪作他用。要积极推行水价、水量、水费征收公示制度，让群众吃上明白水、放心水。对交纳水费确实存在困难的特困户，由群众自己提出申请，各村委会列出统一名单，县水利局审定通过后，可减免水费。"据调查，大部分地区尚未建立合理的水价机制，普遍存在农村饮水工程不收水费的现象。

3.　工程运行管护机制

农村饮水安全工程作为一项公益事业，存在范围广、地点多、管理层次复杂等情况。长期重建轻管造成了工程有人建、有人用、无人管的现象。目前存在的主要问题：①工程产权界定不够清晰。产权不明确，工程运行过程中管理主体缺位，责任不明确，工程维修养护缺乏经济保障；②工程管理人员水平低。在很多供水工程中，负责供水工程管理者多为当地农牧民，绝大部分文化水平低、技术素质差，加之缺乏专业培训、业务不熟练，难以胜任日常维修管理工作。有些供水工程甚至没有专门管理人员和组织，导致供水设施长期缺乏维修和检查。

部分工程在使用一段时间后，出现了工程损毁、水源变化等情况，取水口、管网、蓄水池等因自然原因损坏后缺乏维修资金，造成水源保证率不达标、水源供水量不足，导致供水标准降低。因此，农村供水工程长效运行机制需进一步改革完善。

2.4　农村饮水安全巩固提升工程

2.4.1　工程现状

自实施农村饮水安全巩固提升工程建设以来，到 2017 年底，西藏农村饮水安全巩固提升工程已完成投资 4.30 亿元[其中国家投资 2.38 亿元，其余为抵押补充贷款（PSL）和其他地方自筹资金]，受益人口 19.90 万人，其中建档立卡贫困人口 8.36 万人。经过近 20 年的农村饮水安全工程建设，全区现有农村饮水工程点13 918 处，工程受益人口 219.39 万人，其中建档立卡人口 44.02 万人，供水保证率61.88%，自来水普及率 67.62%，集中供水率 81.45%。7 个市（区）农村饮水工程现状见表 2.7 和图 2.5。

表 2.7　各市（区）农村饮水安全工程现状统计表

市（区）	总人口 /万人	农村人口 /万人	已建农村 饮水工程/处	受益人口 /万人	受益比例/%
拉萨市	98.75	31.64	163	4.64	14.66
日喀则市	84.53	57.99	596	13.65	23.54
山南市	37.84	29.89	1 399	22.17	74.17
林芝市	22.76	14.11	384	19.33	137.00
昌都市	78.42	68.33	917	66.34	97.09

续表

市（区）	总人口 /万人	农村人口 /万人	已建农村 饮水工程/处	受益人口 /万人	受益比例/%
那曲市	55.85	47.38	5 562	17.02	35.92
阿里地区	10.85	8.21	831	6.15	74.91
总计	389.00	257.55	9 852	149.30	57.97

注：受益比例为受益人口与农村人口的比值

图 2.5　曲松县农村饮水安全巩固提升工程

2.4.2　管理现状

1. 工程建设管理

在规章制度方面，西藏自治区水利厅制定了《西藏自治区农村饮水安全项目竣工验收办法（试行）》（藏农饮〔2010〕17 号）和《西藏自治区农村饮水安全项目建设管理实施细则》（藏水字〔2008〕132 号）等管理办法。上述管理办法为保证自治区"十三五"农村饮水安全巩固提升工程的质量，确保项目按期投入运行和发挥投资效益提供了保障。

各市（区）也积极出台有关规章制度，确保农村饮水安全工程良性运行。如山南市人民政府办公室出台了《山南市农村饮水安全工程运行管理办法（试行）》（山政办发〔2018〕88 号）；昌都市发展和改革委员会和水利局出台了《西藏昌都市"十三五"农村饮水安全巩固提升工程验收管理办法（试行）》（昌水农〔2017〕33 号）、《西藏昌都市"十三五"农村饮水安全巩固提升工程建设管理办法（实施细则）》（昌水农〔2017〕32 号）等；拉萨市水利局出台了《拉萨市水利局关于印发《拉萨市农村人畜饮水工程建后运行管护办法（试行）》的通知》（拉水字〔2017〕160 号）等；日喀则市水利局制定了《日喀则市农牧区饮水安全工程运行管理实施细则》等管理办法。以上管理办法的制定与出台，使各市（区）农村饮水安全法制化水平得到进一步提高。

自治区农村饮水安全工程建设管理严格按照《农村饮水安全工程建设管理办法》（发改农经〔2013〕2673 号），从抓规范、抓制度、抓管理、抓落实着手，严把工程勘测设计关、建设质量关、资金控制关，以项目规划、选点、设计、施工、管理等环节为重点。各县（区）人民政府为项目法人，分管县长为项目法人代表，各县（区）水利部门受委托承担项目的建设管理，推进农牧民参与工程建设和管理，加强工程巡回监理，努力提高工程质量。各县（区）工程实施前，对确定的每一处工程点都要征询项目所在乡镇、村和受益农牧民群众的意见，并进行公示。工程完工后，在项目区对项目点、数量、工程形式、投资和参建单位等情况向社会公示。

在质量控制方面，建立健全项目法人负责、监理单位控制、施工单位保证和政府监督相结合的质量管理体系。各参建单位针对施工中出现的技术问题，各方协调，不断优化工程设计，认真做好全程服务。同时，组织相关部门和各县（区）分管领导及水利局负责人在春、冬季对各项目点集中开展工程质量大检查，督促工程进度，发现问题，及时整改，坚决不留质量隐患，确保工程质量（图 2.6～图 2.7）。根据西藏农牧区饮水工程点所在区域的气候因素，对农牧区饮水安全工程实行跨年度验收，目的是确保已建工程冬季枯水季节也能正常运行。

图 2.6　昌都市卡若区妥坝乡管道开挖建设现场

图 2.7　林芝市农村饮水安全工程管道填埋建设现场

在安全生产方面，自治区水利厅进一步健全了"党政同责、一岗双责、失职追责"的安全生产责任体系，稳步推进自治区、各市（区）水利局、县级水利局"三级五覆盖"和企业安全生产主体责任"五落实五到位"，明确了各级各部门安全生产职责分工及安全生产责任，形成了属地管理、综合监管、统筹协调的安全生产综合监管体系。自治区水利厅制定了年度安全生产监督检查计划，按计划实施日常监督检查工作，同时加强安全生产教育培训，举办了水利水电工程施工企业"三类人员"继续教育和取证考核培训班。

2. 工程运行管护

农村饮水安全工程作为一项公益事业，存在范围广、地点多、管理层次复杂等特点。各县（区）因地制宜，强化农牧区饮水安全工程建后管理，以乡镇或者村为单元，建立农牧民用水户协会，通过协会进行统一的管理和养护，包括养护经费的征收；同时各协会根据实际，制订了相应的管理制度、运行操作制度以及养护经费的征收标准等。

自治区政府高度重视农村供水工程的运行维护工作，各地（市）、县（区）为保证农村供水工程的正常运行，每年通过配套运行维护经费，专项用于农村供水工程的维修养护。自治区财政每年落实水利工程运行维护费1.7亿元，根据需要由各市（区）安排用于农村供水工程维修养护，基本上能保证所有县（区）农村供水工程的正常运行。部分县（区）结合当地实际情况，通过征收少量的水费作为供水设施维修费［收取 1～5 元/（人·年）］，但是大部分地区尚未建立合理的水价机制，普遍存在农村饮水工程不收水费的现象。

3. 农村饮用水源保护

西藏自治区政府高度重视水源地保护工作，各市（区）、县（区）人民政府积极采取措施并发布水源保护公告，划定了水源点的保护范围，设立了水源地保护界牌、界桩，如墨竹工卡县日多乡念村饮水水源地保护区（图2.8）。自治区农村饮水工程水源点分布比较分散，海拔较高，各地因地制宜地采取了网围栏、浆砌石挡墙等措施加以保护，禁止在水源点保护区或保护范围内开展生产建设活动，最大程度减小对水源水量、水质的影响。根据自治区农村饮水工程普查数据，截至 2017 年底，自治区农村无千吨万人以上供水工程。农村千人以上供水工程数量为 104 个，其中拉萨市 25 个、日喀则市 44 个、山南市 9 个、林芝市 1 个、昌都市 9 个、那曲市 13 个、阿里地区 3 个。截至 2017 年底，自治区所有 104 个千人以上供水工程均已划定水源保护范围。自治区农村千人以上供水工程水源保护范围实际划定数量与农村千人以上供水工程数量的比例为 100%。

图 2.8 墨竹工卡县日多乡念村饮水水源地保护区

4. 水质检测

目前全区共有 15 个农村饮水安全检测中心,如那曲市班戈县农村饮水安全检测中心(图 2.9),昌都市农村饮水安全检测中心(图 2.10)。为保障水质检测中心的运行经费,各相关市(区)和部分县(区)均安排专项经费预算,用于检测中心日常运行、维护和管理。如拉萨市每年落实农村饮水安全水质检测中心运行维护管理经费 30 万元,日喀则市落实经费 36.62 万元,山南市落实经费 43.83 万元,昌都市落实经费 46.433 万元,林芝市落实经费 30 万元,那曲市落实经费 60 万元,阿里地区落实经费 38.331 万元。

图 2.9 那曲市班戈县农村饮水安全检测中心

图 2.10　昌都市农村饮水安全检测中心

5．考核评估

根据国家发展和改革委员会、水利部第 6 部分《关于做好"十三五"农村饮水安全巩固提升工作的通知》及规划编制《农村饮水安全巩固提升工作考核办法》（水农〔2017〕253 号），西藏自治区先后制定并出台了《西藏自治区农村饮水安全巩固提升考核办法》（藏水字〔2017〕239 号）和《关于做好"十三五"农村饮水安全巩固提升工作的通知》（藏水字〔2017〕240 号），对《规划》进行了年度任务分解，明确了自治区"十三五"农村饮水安全巩固提升工作各部门分工，并要求对各市（区）工作的实施情况进行年度考核。根据《水利部办公厅 国家发展改革委办公厅关于 2017 年度各地农村饮水安全巩固提升工作考核结果的通报》（办农水〔2018〕96 号），西藏自治区 2017 年度考核结果良好。根据自治区有关文件精神，7 个市（区）均出台了市级农村饮水安全巩固提升工作考核办法。其中，山南市由市人民政府办公室印发，拉萨市、林芝市、昌都市、那曲市、阿里地区由市级水利部门、发展改革部门、财政部门、卫生计生部门、环保部门、住建部门联合印发通知，部署开展农村饮水安全自评估或第三方评估工作。

2.4.3　好的做法及经验

1．领导重视，机构健全，责任明确

领导重视，机构健全，责任明确，是确保农村饮水工程顺利实施的关键所在。农村饮水安全是党中央、国务院高度重视和农村广大群众迫切需要解决的一项民生工程，是贯彻落实科学发展观在农村工作和水利工作中的具体体现。为确保饮

水安全工作的顺利开展,自治区党委、政府把农村饮水安全作为全面建设小康社会的具体行动,列入政府承诺为民"办实事"的重要内容,给予高度重视。自治区成立了农村饮水安全工作领导小组,领导小组下设办公室,办公室设在自治区水利厅,专门负责全区农村饮水工作。各市(区)政府、县政府坚持明确项目建设指导思想,以关注民生,解决农牧民最直接、最关心、最现实的困难为出发点和归宿,并组织召开多次专题研讨会,认真研究部署农村饮水安全工作。项目全部实行行政首长负责制,层层签订责任状,一级一级落实责任,明确工程建设任务与时间节点,将解决农村饮水困难纳入各级政府年度目标考核内容,做到领导到位、组织到位、措施到位。

2．科学规划,重视项目前期工作

重视项目前期工作,切实做好实地复核,科学规划,优化方案。农村饮水安全项目严格按国家发展和改革委员会、水利部《关于农村饮水安全工程项目管理办法》和《农村饮水安全工程项目建设管理办法》程序进行,对全区 74 个县(区)农村饮水安全项目可研报告进行评审,全部履行申报、立项、审批手续,并编制农村饮水安全项目建设实施方案。年度实施计划排序按照边境优先、新建优先、重点牧区优先,充分结合扶贫异地搬迁及边境小康村建设进程进行排序。各县(区)在项目规划过程中科学规划,对项目区饮水困难情况进行摸底调查,摸清底数,划分困难程度,为规划提供依据,并严把水源质量关,确保每处饮水项目点的水质达到饮用水卫生标准。

3．拓宽渠道,多方筹集项目资金

农村饮水工程建设需要投入大量的资金,必须通过各种渠道筹集。全区各市(区)、县"十三五"农村饮水安全巩固提升工程,除积极争取中央预算内资金补助外,各级人民政府高度重视资金筹集,紧紧围绕县政府脱贫工作部署和分年度摘帽计划,年度农村饮水安全巩固提升投资计划重点向贫困地区倾斜。7 个市(区)积极加大财政资金投入,通过自治区抵押补充贷款(pledged supplementary lending,PSL)、地方财政配套和援藏资金等渠道筹集资金参与农村饮水工程建设和运行管理。其中,2016~2017 年昌都市、日喀则市、那曲市和阿里地区完成农村饮水安全巩固提升工程投资均超过 1 亿元。

4．因地制宜,创新工程技术模式

各市(区)因地制宜,针对冬季水源结冰、水龙头冻坏问题进行大胆尝试,总结了一批成功经验。如昌都市部分地区在农村饮水安全工程建设实践中,总结出

"两头暖、中间深"的做法,即水源工程和入户水龙头做好保暖措施,管道埋深在冻土层以下;普兰县采用机电井保暖房的方式,有效解决了冬季水源结冰导致供水难的问题（图 2.11）;边坝县尼木乡针对冬季水龙头易冻坏、水源结冰导致冬季供水困难的情况,探索出了"防冻水龙头+调节蓄水池+管网延伸"技术模式;措美县在各村背水台修建小型蓄水池,冬季采用 24 小时连续供水防止管道和水龙头冻结,蓄水池临时存水避免了水资源浪费;浪卡子县采用加大管网埋深、管道周围敷以牛羊粪保暖、出水口水管缠绕塑料薄膜、加厚背水台设计等方式,有效解决了冬季水源和水龙头防冻的难题。

图 2.11　普兰县机电井保暖房

针对西藏部分地区的特殊条件,各地集思广益、开拓创新出适应不同地区实际情况的饮水工程建设模式。如那曲市班戈县探索出"太阳能+机电井"技术模式（图 2.12）,在那曲市、阿里地区等电力资源缺乏的牧区具有推广价值;拉萨市林周县部分牧区住户分散,无可利用泉水和地下水,当地采取河流抽水泵+沉淀池+储水罐的小规模低成本方式,有效解决了散户的饮水问题。

5. 规范程序,加强工程建设管理

规范程序,加强管理是确保农饮工程质量的保障。工程建设严格实行"四制"（项目法人制、招投标制、施工监理制、合同管理制）管理,建立健全项目法人负责、施工单位保证、监理单位控制、政府部门监督的质量保证体系,督促参建各方切实履行职责,以确保工程建设进度、质量和安全,充分发挥受益群众自觉参与的积极性。加强施工质量管理和建后管理,建设中施工员、技术员和村民协同配合,现场

图 2.12　班戈县"太阳能+机电井"技术模式

解决问题，调解矛盾纠纷，保证了工程顺利进展。各县（区）水利局负责开展各项前期规划勘测工作，除水泥工程外，土方开挖工作由项目点群众实施，为确保管道工程的安装质量，由县（区）水利局安排技术员实施，同时也雇佣受益村年轻劳动力进行安装，通过群众参与也培养了一部分技术过硬的人员，丰富了各受益村工程运行、管道维护方面的经验。

6. 建立健全工程运行管护机制

西藏自治区农村饮水巩固提升工程建设完成并试运行一年后，组织市级验收，验收合格后移交受益村村委会或农牧民用水户协会统一管理，由其落实工程管护措施和责任，定期进行设施、设备检查和维护，确保工程正常运行，水利部门对移交后的农村饮水安全工程的运行管理进行监督指导。各村委居住较集中地点新建集中供水工程，后续运行管理移交至乡人民政府。部分县（区）充分利用水管员岗位作用，在各乡镇行政村、自然村范围内已建饮水安全工程的后续管理移交水管员进行管理，建立相关的制度，明确责任，严格按照制度执行。山南市隆子县在部分地下水水源地供水区做到了水表安装到户，根据水量征收水电费，标准为 1～5 元/人·年，有效防止了饮用水浇灌菜地、林地等浪费水行为；拉萨市林周县部分地区根据水表确定每户用水量，采取"水费+电费"一起征收的方式，按照 0.57 元/度的标准由村委会收取，收缴的水电费用于本村农村饮水工程的维修养护。那曲市班戈县、比如县引进并推广内地"井长制"，取得了良好效果（图 2.13）。

图 2.13　向"井长"佩戴"水设施管理维护"红袖章

各市（区）为保证农村供水工程的正常运行，每年通过配套运行维护经费，专项用于农村供水工程的维修养护。山南市 2017 年度水利工程运行与维护补助资金为 2 824.45 万元，专项用于小农水、安全饮水等水利设施维护与养护。拉萨市结合实际情况，每个受益点每人每年收取 1.00 元的管理费。山南市隆子县财政将农村饮水安全工程维修资金纳入年度财政预算，按每年 15% 增幅安排专项资金用于小型农田水利工程、农村饮水安全工程等维修养护，确保工程发挥长久效益。

7. 充分利用现有水源工程，彻底解决安全饮水问题

有条件的地方尽量考虑地表水资源，如山川河流、泉水、雨水、雪水等，用于建设蓄水池、小型水库、水窖等（图 2.14）。部分县采取灌溉与人饮共用取水口的方式，破解了农饮工程建设资金不足的问题（图 2.15）。在地表水资源不够丰富的地方，主要挖掘深层地下水。同时加强对牧区进行卫生知识的宣传，增强自我保健意识，促进牧区卫生事业的发展。如日喀则市昂仁县、康马县、谢通门县等对饮用水源保护管理方面做了大量的宣传工作，制定了农村人畜饮水工程运行管理办法实施细则，值得在全区范围内推广。

图 2.14 山南市错那县勒乡勒村修建的蓄水池

图 2.15 边坝县灌溉与人饮共用取水口

第 *3* 章

西藏农村饮水安全需求分析

本章在对西藏现状农村生活用水、水质净化技术进行分析的基础上，对西藏农村生活用水量进行预测，从水质净化处理技术、水质检测、农村饮水安全工程建设等方面提出相应的需求，并提出全区农村饮水安全评价准则，为全区脱贫攻坚农村饮水安全精准识别、制定解决方案和达标验收提供依据。

3.1　农村生活用水现状及用水量需求预测

农村居民家庭生活用水是社会经济用水的重要组成部分,也是农村供水工程的主要用途。针对西藏农村生活用水量,许多学者进行了相关研究(宋邦国 等,2016;魏素珍 等,2015;达娃,2010)。本节在充分总结部分学者研究成果的基础上,对西藏地区农村生活用水进行分析。

3.1.1　农村生活用水现状

1. 农村生活用水现状调查

西藏自治区 3 000~5 000 m 高程带上分布的居民点数量占全区居民点总数的92%。根据宋邦国等(2016)的相关研究成果,其依据不同的供水方式(自来水、手压井)及生产方式(农业村、牧业村),对西藏自治区达孜区、当雄县、那曲县、安多县、加查县、巴宜区等 9 个县(区)的 84 个家庭的用水结构及特征进行了调查,调查的县(区)海拔均在 3 000~5 000 m,包括以农业生产为主的低海拔地区以及以畜牧业为主的高海拔地区,调查范围见表 3.1。

表 3.1　调查范围表

县(区)	所属地区	气候类型	年降水量/mm	平均海拔/m	行政划分	人口/万人
达孜区	拉萨市	高原温带半干旱季风气候	450	4 100	1 镇 5 乡	2.9
当雄县		高原寒温带半干旱季风气候	456	4 300	2 镇 6 乡	3.9
仁布县	日喀则市	高原温带半干旱季风气候	450	3 950	1 镇 8 乡	3.1
那曲县	那曲市	高原亚寒带半湿润季风气候	400	4 500	3 镇 9 乡	8.2
安多县		高原亚寒带半湿润季风气候	435	4 500	4 镇 9 乡	3.2
加查县	山南市	高原温带半干旱季风气候	492	4 000	2 镇 5 乡	2.1
扎囊县		高原温带半干旱季风气候	420	3 650	2 镇 3 乡	4.0
工布江达县	林芝市	高原温带半湿润季风气候	640	3 600	3 镇 6 乡	2.7
巴宜区		温带湿润季风气候	654	3 000	3 镇 2 乡	6.7

农村居民用水主要指维持家庭日常需要的用水部分。具体可分为生活用水部分和生产用水部分，生活用水可细分为卫生用水（洗脸、洗脚、洗手、洗浴）、洗衣用水、饮用水、厨房用水（洗碗、洗菜）4 类；生产用水部分主要为农牧民冬天喂养牛羊的禽畜用水。

通过对西藏自治区水源、取水方式、取水方便程度等的大范围调查显示，目前西藏农牧区水源主要为河水（38%）、地下水（38%）及水库水（22%），取水方式主要为自来水和手压井等。经过农牧区饮水工程建设，91%的农牧民认为当前取水比较方便或很方便。在整体把握西藏农牧区取水条件的基础上，选取人口分布集中、密度相对较大、饮水安全重点关注的农村地区进行随机入户详细调查，共走访 15 个村庄（表 3.2），取得有效入户调查问卷 84 份，并实地测量了家庭用水行为单次用水量，根据各项用水行为频次计算家庭用水量。受调查家庭平均海拔 4 214 m，调查区域面积共 100 504 km^2。实地调查中被访问者年龄均为大于 18 岁的家庭成员，其中户主 74 名，占 88.1%。样本户的基本特征见表 3.3。

表 3.2　调查样本表

市	县（区）	村庄	调查户数
拉萨市	达孜区、当雄县	新仓村、拉根村、羊益村、曲登羊阁村、巴嘎当村、锅庆村	51
那曲市	那曲县、安多县	曲果仁毛村、岗尼村	23
山南市	扎囊县、加查县	布姆村、嘎杂村	3
林芝市	工布江达县、巴宜区	章迈村、布久村、纳麦村、林泽村	6
日喀则市	仁布县	孔培村	1
总计/个数	9	15	84

表 3.3　样本户基本特征

调查项目	类别	频数	比例/%
家庭人口数/人	≤2	4	4.7
	3～4	23	27
	5～6	29	34
	≥7	26	31
家庭常住人口数/人	≤2	19	22
	3～4	40	47
	5～6	18	21
	≥7	7	8

续表

调查项目	类别	频数	比例/%
常住人口年龄分布 / 岁	≤15	86	26.3
	16～30	48	14.7
	31～60	116	35.6
	≥60	76	23.4
生产方式	农户	32	38
	牧户	52	62

2. 生活用水量

84 户样本的家庭生活用水量实测结果见表 3.4。农区家庭日用水量最高为 342.1 L, 最低为 42.5 L, 平均日用水量 120.1 L; 牧区家庭日用水量最高为 243.5 L, 最低为 27.7 L, 平均日用水量 128.1 L。农区家庭人均日用水量 38.2 L, 牧区家庭人均日用水量为 33.3 L。农村家庭生活用水人均日用水量为 33～38 L。根据《西藏自治区农村饮水安全评价准则》, 西藏基本安全的生活用水量为每人每天 20 L, 安全的生活用水量为每人每天 50 L。从水量的角度来看, 除个别家庭外, 调查所涉及的农牧区家庭其用水已达到基本安全或安全水平。

表 3.4　调查农村家庭生活用水统计表

统计项	受调查家庭/（L/d）		农区/（L/d）		牧区/（L/d）	
	家庭用水量	人均用水量	家庭用水量	人均用水量	家庭用水量	人均用水量
最高	342.1	114.00	342.1	114.0	243.5	62.40
最低	27.7	11.85	42.5	14.1	27.7	11.85
平均	125.1	35.10	120.1	38.2	128.1	33.30

3. 用水结构

通过实地调查获得调查样本家庭用水量及用水结构数据。分析用水结构有利于明确西藏农村家庭日常生活用水的主要方面, 对今后改善农牧区用水条件、提倡家庭生活合理用水、节约用水具有重要意义。根据调查, 样本家庭中人均日用水量最高为 114.03 L, 最低为 11.85 L。家庭差异主要表现在洗衣、洗菜、洗碗用水三个方面, 与家庭主妇用水习惯有较大关系, 其中人均用水量最高的家庭, 主要用水项为洗衣用水约 90 L/（人·d）, 占人均日用水量的 79.8%。洗脸、洗手、洗脚、饮用水水量家庭差异较小, 村民个人卫生习惯无显著性差异, 72% 的家庭每天洗一次脸,

50.9%的家庭每天洗一次脚，41%的家庭每人每天洗手次数在 4～8 次。家庭生活用水主要为卫生用水 [13.45 L/（人·d）] 和厨房用水 [11.29 L/（人·d）]，两者共占家庭生活用水总量的 60%以上。

卫生用水在牧区家庭用水中占比最高，达到 42%以上，其次为厨房用水、洗衣用水、饮用水。农区家庭生活用水中洗衣用水占比最高，为 34.8%，其次为卫生用水、厨房用水、饮用水。

对比农牧区家庭生活用水结构，农区洗衣用水占比较大，占人均日用水量的35%，牧区仅为17%。经过"十一五""十二五"时期西藏农村饮用水安全工程建设后，农村供水工程普及率高，用水条件较好，洗衣均用洗衣机清洗。牧区家庭虽然生活在安居工程内，但夏季放牧时住在牧场帐篷内，离家距离较远，直接在河边手洗衣服，所以农区洗衣用水高于牧区。牧区卫生用水占总用水量的比例较大，为42.8%，农区卫生用水占总用水量的31.5%。调查中发现，牧区牧民洗手、洗脚、洗澡单次用水量高于农区，但农牧区村民个人卫生习惯频率无明显差异，所以牧区卫生用水高于农区；饮用水也略高于农区，厨房用水两者相差不大。

3.1.2　农村生活用水量需求预测

据统计，2015 年全区常住人口 323.97 万人。预测 2016～2020 年年均人口增长 13.00‰，2020 年全区常住人口将达到 345.58 万人。同时，按照《西藏自治区"十三五"时期住房和城乡建设事业发展规划》目标：2020 年全区常住人口城镇化率达到 35.8%，预测 2020 年全区城镇人口达到 123.72 万人，农村人口达到 221.86 万人。根据《西藏自治区用水定额》，农村居民生活用水定额为 70 L/d·人。

根据农村居民生活用水定额及 2020 年预测全区农村人口，可预测计算得到2020 年全区农村生活需水量为 $0.567 \times 10^8 \, m^3$。随着农村饮水安全巩固提升工程的实施，农村生活用水定额增加，需水总量也在持续增长，由 2015 年的 $0.457 \times 10^8 \, m^3$ 增长到 2020 年的 $0.567 \times 10^8 \, m^3$。

3.2　水质净化现状及处理技术需求

3.2.1　水质净化现状

目前，西藏农村饮水安全工程采用常规水处理技术。在给水过程中，一般是经过简易沉淀、过滤、消毒。

1．沉淀

原水中的杂质需在沉淀池中利用重力沉降作用去除。沉淀池按水流方向可分为平流沉淀池、竖流沉淀池和辐流沉淀池。其中，平流沉淀池处理效果好，具有对冲击负荷和温度变化的适应能力较强、施工简单、造价低的优点，在大型农村供水工程中应用较多；竖流沉淀处理效果较差，基本已不采用；辐流沉淀多采用圆形，澄清池大多采用该形式。

西藏自治区的农村供水工程，沉淀设施多采用箱式沉砂池。根据水质情况，沉淀池又分整体式和分离式两种。整体式沉淀池用于水质较清洁、杂物较少，经简单沉淀、过滤即可直接饮用的水源；分离式沉淀池用于水质泥沙较多的水源，经沉沙池过滤沉淀后，送至蓄水池供给各给水点。

箱式沉砂池的基本结构包括进水管、箱体、溢流管、出水管、放空及排泥管。箱式沉砂池的结构见图 3.1。

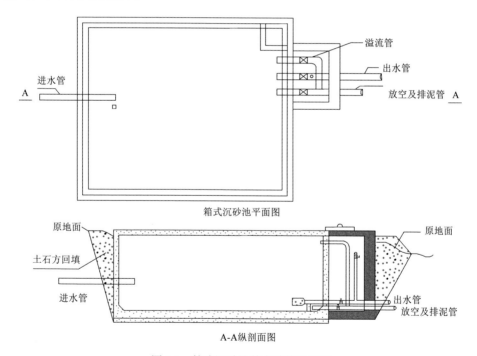

图 3.1　箱式沉砂池基本结构示意图

2．过滤

为进一步除去水中的细小絮体，水沉淀后需经滤池进行过滤。滤池由进水系统、滤料、承托层、集水系统、冲洗、配水系统和排水系统等组成。常见滤池形式包括普通快滤池、双阀滤池、重力式无阀滤池、V 形滤池、虹吸滤池和慢滤池等。重力式无阀滤池是农村供水中较为普遍的滤池形式，其优点是：①滤池能自动运行，不需经常管理；②阀件少、造价低、材料省；③滤池出水口高于滤层，正水头过滤，滤层不会出现负压。

3．消毒

水质经过过滤后，需对其消毒。

（1）氯消毒方法：考虑西藏特殊情况，主要以氯消毒方法为主，此方法具有价格低、投入设备简单、操作简便等优点。

（2）位置：采用专人，定期向井内、进水池中加入漂白粉，起到对水质的杀菌作用。

（3）水源水质：必须经过特定部门检测，当水质符合《生活饮用水卫生标准》（GB 5749—2006）后，方可使用。

漂白粉投加量 q(kg / d) 是根据出厂水余氯要求及漂白粉有效含氯量来计算控制的，一般可按以下公式计算

$$q = 0.001Qa / C \qquad (3.1)$$

式中：Q——设计水量，m³/d；

　　　a——最大加氯量，mg/L；

　　　C——漂白粉有效含氯量，%，$C=20\%\sim25\%$。

漂白粉投加量也可通过推算，如根据水源水质的情况，出厂水余氯需要加氯量为 2 mg/L，即每千立方米的水需投加 2 kg 氯，若漂白粉有效氯量为 20%，则可算出每千立方米水需投加漂白粉 10 kg。

3.2.2　水质净化处理技术需求

受多种因素影响，西藏农村饮水安全工程普遍缺少净化、消毒设施和水源环境保护，部分指标超标，供水水质无法保障；泥沙堵塞管道，造成用水困难。西藏多处农村饮水工程依靠天然水质，多数水源点水质不符合国家标准，尤其是阿里地区、那曲市的偏远牧区，矿物质超标比较严重，不少已建工程水质不达标。西藏一些地方水源中含有不同程度对人体有害的氟、砷等，不宜人畜饮用，造成饮水困难。如阿里地区的改则县北部三个乡大部分地区水环境比较恶劣，人畜饮水点水质不达标，长期饮用不利于人畜健康；据统计，水质不达标的有 233 处，占工程总数 45% 左右。山南市的错那县曲卓木乡曲卓木村水源点水质检测不合格，水源主要问题是硬度高；拉萨市当雄县和林周县部分地区存在重金属超标问题；那曲的

班戈县部分饮用水源点硝态氮超标。

总体而言，全区亟须水质净化，水质净化技术包括除氟技术、集成重金属去除技术、微污染水处理技术（包括预处理技术、强化常规处理和深度处理技术及其组合应用模式）等。

1. 除氟技术

饮用水中的氟对人体健康是一把双刃剑，一定质量浓度范围（0.5～1.0 mg/L）的氟可有效防止龋齿，但如果长期饮用氟质量浓度高于 1.0 mg/L 的水时，会引发氟中毒，如氟斑牙、氟骨症等（Wu et al.,2007）。《生活饮用水卫生标准》（GB 5749—2006）规定对供水规模大于 1 000 m^3/d 的集中式供水，氟质量浓度不得超过 1.0 mg/L；对于农村小型集中式供水和分散式供水，氟质量浓度不得超过 1.2 mg/L。

目前，对高氟地下水的治理主要包括两种手段：一是寻找和改换新水源，采用地表水、雨雪水和深井低氟水作为新的饮用水；二是人工除氟，在不能采用替换水源的地区，人工除氟是一种最为实际的方法。现有的除氟方法主要包括吸附法、混凝沉淀法、电化学方法、膜分离法等。近几十年来，国内外对含氟水的处理进行了大量的研究，在除氟工艺及相关的基础理论方面亦取得了一些研究进展。

1）吸附法

吸附法是目前饮用水除氟应用最广泛的方法，吸附剂的特性是决定除氟成本和效果的重要因素。目前常用的吸附剂包括活性金属氧化物、骨炭、泥土类吸附剂、沸石、生物质类吸附剂等（李永富 等,2010）。吸附过程中，交换吸附、物理吸附和化学吸附往往同时存在，难以明确区分。

（1）活性氧化铝

活性氧化铝法是世界上应用最广泛、最成功的除氟方法。氧化铝除氟的最佳 pH 为 4.5～6.0，实际应用中，通过 CO_2 调节 pH 至 6.5～7.0 也能取得较好效果。吸附容量一般为 0.8～2.0 mg/g，最高可达 15.0 mg/g。活性氧化铝使用前需用硫酸或硫酸铝预处理。$(Al_2O_3)_n \cdot 2H_2O$ 失去除氟能力后，可用硫酸或硫酸铝溶液淋洗再生。我国目前 60%以上的除氟点采用了活性氧化铝。近年来，明矾包裹氧化铝、涂层氧化铝、电极性氧化铝技术等方法也被用来去除氟离子，表现出更为优越的除氟性能。活性氧化铝除氟具有吸附容量高，处理费用低，运行稳定，易于再生等优点，但设备投资高，处理过程需要调节 pH，另外活性氧化铝中铝的流失，可能会成为影响人体健康的不利因素。

（2）活性氧化镁

镁是人体必需的元素，活性氧化镁具有较大的比表面积，吸附能力较强，吸附容量通常为 14 mg/g，再生后仍可稳定在 6 mg/g 左右。与氧化铝相比，氧化镁除氟效果更好，处理成本更低。但该方法易使出水总硬度和 pH 升高，且氧化镁再生复杂，限制了它的广泛使用。

（3）稀土金属氧化物

在众多的除氟材料中，稀土金属氧化物吸附量大，污染小，越来越受到人们的重视。稀土在水溶液中与水配位形成水合氧化物，除氟机理是与表面羟基相关的质子化学反应引起的离子交换与吸附，吸附后可用 NaOH 溶液洗脱再生。稀土金属水合氧化物虽然具有良好的除氟性能，但水合氧化物一般是粉末状的，难以直接应用于水处理过程，可以将其负载到机械强度高、易成形的载体上制备更为方便的除氟材料。

（4）骨炭

骨炭的主要成分是碳酸磷灰石和羟基磷灰石，为磷酸盐型除氟剂，应用数量仅次于活性氧化铝。除氟机理是氟与水中的 Ca^{2+} 形成 CaF_2 被羟基磷酸钙吸附，同时存在 F^- 与 OH^- 的交换。骨炭吸附达饱和后可用质量分数 5% 的 NaOH 再生。骨炭的除氟效果主要受粒度、pH、接触时间和共存离子的干扰。粉末状骨炭比粒状骨炭吸附容量大，较低 pH 条件利于氟离子的吸附，水中 Ca^{2+} 和 Mg^{2+} 对吸附起到促进作用，Cl^-、NO_3^- 和 SO_4^{2-} 影响轻微，HCO_3^- 会极大地影响除氟效果。骨炭的缺陷在于吸附容量过低、再生时间过长、骨炭溶于酸，在实际应用时需控制原水 pH 以减少滤料的损失。部分骨炭的来源是牛、猪和鱼等动物的骨骼，在有宗教信仰的地区应用受到一定的限制。

（5）天然沸石

沸石分子筛是天然或人工合成的含碱金属和碱土金属氧化物的晶态硅铝酸盐。它的骨架由 SiO_4 和 AlO_4 四面体通过顶点按三维堆积而成，骨架中 Si 原子被 Al 原子代替时将带有负电荷，需要由骨架外的单价或多价阳离子来补偿。沸石的孔道被补偿阳离子、结合水及其他杂质填充，其中补偿阳离子和羟基可以发生离子交换。目前，沸石除氟改性主要用离子交换法，原理是利用 Al^{3+}、La^{3+} 等与沸石中的 Ca^{2+}、Na^+ 等发生交换，改性后的沸石吸附容量能得到显著的提高。沸石除氟的优点是成本较低，再生简易，除氟的同时对铁、锰、砷、色度、总硬度等均有去除作用，可以全面提高水质，缺点是吸附容量一般较低。

（6）泥土类吸附剂

泥土类吸附剂具有除氟性能的原因是表面电荷的物理吸附作用和组分中的 OH^-、H_2O、H_3O^+ 与 F^- 的离子交换。目前泥土类吸附剂主要有高岭土、漂白土、蒙脱石、赤泥等。除氟效果主要受粒径和 pH 影响，粉末状优于颗粒状，低 pH 条件下，效果更好。相比于金属活性氧化物和骨炭，泥土类除氟剂更为经济实惠，来源更为广泛。不同泥土类除氟剂成分的差异决定了除氟性能差别很大，应用时需根据具体情况选择适宜的除氟剂。

（7）生物质类

生物质类吸附剂主要有壳聚糖、茶叶质铁、功能纤维等，近年来还开发了绿藻用于氟离子的去除。此类吸附剂具有来源丰富、价格低廉，吸附容量较大，可再生等优点，在饮用水除氟中具有广阔的应用前景。

2）混凝沉淀法

混凝沉淀法原理是向含氟水中加入 Fe^{3+}、Fe^{2+}、Al^{3+} 等离子型混凝剂，在适当pH 条件下形成氢氧化物胶体，吸附水中的氟离子后沉淀析出。常用的混凝剂主要有硫酸铝、聚合硫酸铝、聚合氯化铝、聚合硫酸铁、硫酸铝钾等。不同混凝剂应用范围和性能不同，对地下水的处理效果有差异。随着新型絮凝剂的开发应用，在混凝沉淀处理的基础上，加入高分子絮凝剂，加快絮状物的生成与沉降，取得了更好的效果。目前最常用的有机助凝剂是聚丙烯酰胺（polyacrylamide，PAM），作用机理是吸附和架桥作用。由 PAM 吸附架桥而成的絮凝体含有氢键，它比靠范德瓦耳斯力而凝聚成绒粒的强度要高，降低了滤料表面电位，在水流剪力作用下不易破坏，从而使沉淀更好地从水中分离出来。PAM 有剧毒，该法适宜于含氟废水的处理，在饮用水集中处理中受到限制。

3）化学沉淀法

化学沉淀法是含氟废水处理最常用的方法，其中采用钙盐沉淀法处理最为普遍，即向废水中投加硝石灰、氯化钙，使废水中的 F 与 Ca_2 反应生成 CaF_2 沉淀而除去，在高浓度含氟废水预处理应用中尤为普遍。化学沉淀法方法简单，处理费用低，但存在二次污染问题，且处理效果也不太理想，出水氟化物质量浓度为 15～30 mg/L，很难达到国家一级排放标准。而且存在泥渣沉降缓慢，处理大流量排放物周期长，不适合连续排放等缺陷。在投加钙盐除氟的基础上，联合使用磷酸钙、铝盐，处理效果比单纯使用钙盐要好，可使废水中的氟浓度降至更低。原理是 F^- 能与 Al^{3+} 等形成从 AlF_2 到 $AlF_{3\sim6}$ 等多种配位化合物（又称络合物），经沉降而去除 F^-。

4）电化学方法

常用的电化学方法包括电渗析法、电絮凝法、电吸附法等。

（1）电渗析法

电渗析是在直流电场作用下，以电位差为推动力，利用离子交换膜的选择透过性，将阴阳离子从水溶液和其他不带电组分中分离出来。在我国，已经有不少地区选用电渗析法对饮用水进行降氟处理。如1986年运城市在盐湖区下凹村兴建电渗析改水降氟工程,工程一直正常运行15年。2001年初的调查表明该电渗析器稳定有效地降低了当地地下水中的氟离子含量,儿童的氟斑牙患病率由改水前的92%降至30%以下,氟斑牙指数降到了0.43,成人氟骨症患病率由9.8%降为1.0%(李杰 等,2002)。

电渗析除氟优点在于不用投加药剂,除氟的同时可以降低高氟水的含盐总量,使水质得到全面改善。缺点在于处理设备昂贵、管理复杂、能耗较大,除氟的同时除去了对人体有益的矿物质等,限制了该法的广泛使用。

(2)电絮凝法

电絮凝法是指电极在直流电场的作用下,阳极表面向溶液中溶出金属离子,金属离子水解为氢氧化物,作为吸附介质吸附水中的氟离子和氟络合物。阳极多为铝电极或铁电极,与铝盐混凝除氟产生的氢氧化物相比,电絮凝法产生的氢氧化物活性更大、吸附能力更强。影响因素主要有电流密度、电极间距、共存离子、处理时间和原水氟离子浓度等。电絮凝法具有操作简单、运行稳定、不改变原水pH、适用于分散式给水处理等优点。但耗电量大、影响因素多、铝板电解后产生的Al^{3+}易污染出水、产生的氧化铝复合物易使电极钝化等,需在以后的研究中继续改善。

(3)电吸附法

电吸附(electro-sorption technology,EST)技术是原水从一端进入阴、阳电极形成的通道,最终从另一端流出,流动中受到电场作用,氟离子向阳电极迁移并被界面双电层吸附。氟离子被吸附后,储存在电极表面所形成的双电层中,当出水水质不能满足要求时,停止通电,将正负电极短接,使电极表面的离子重新回到溶液中,随水流排出,可以使电极得到再生。该方法已开发出成套EST设备并投入运营,如天津市郊区某地V类地下水处理结果表明,氟离子质量浓度从1.40~2.16 mg/L降至1.0 mg/L以下,同时可显著降低水体矿化度,如氯化物、硫酸盐、碱度、硝酸盐等,有效地提高了地下水的水质(孙晓慰,2006)。

5)膜分离技术

膜分离是20世纪60年代迅速崛起的一门新型高效分离技术。膜具有选择透过性,混合物中某些物质可以通过,另一些物质不能通过,从而实现混合物的分离。膜可以是固相、液相或气相,目前使用的分离膜绝大多数是固相膜。用于含氟水处理的常用膜分离方法是反渗透法和纳滤法。

(1)反渗透法

反渗透技术是近年来迅速发展起来的膜分离技术的一种,该技术是利用反渗透膜只能透过溶剂(通常是水)而截流离子物质的特性,以膜两侧压力差为推动力,克服溶剂的渗透压,使溶剂通过反渗透而实现对液体混合物进行分离的过程。从本质上来说,该方法没有选择性,只是在除盐过程中将 F 也一并去除。反渗透技术在处理较低浓度的含氟废水时,低压复合膜比醋酸纤维膜除氟效果好,但都适合低氟废水的处理,对高氟废水的去除效果不太理想。反渗透法可以十分有效地、可靠地实现高氟苦咸水除氟、除盐的双重目的。但目前还没有在我国得到广泛采用,用该技术淡化苦咸水或用于饮水除氟还处于起步阶段。这主要是反渗透法耗资大、运行成本高、易污染、使用寿命较短(通常只有 1～3 年),使此方法在高氟苦咸水的广大农村地区的推广应用受到很大的限制。

(2)纳滤法

纳滤是一种介于反渗透和超滤之间的压力驱动膜分离过程,关键部件是纳米级孔径纳滤膜。目前国外商品化纳滤膜的材质主要有:醋酸纤维素、磺化聚砜、磺化聚醚砜、聚酰胺、聚乙烯醇等。纳滤膜属于压力驱动型膜,操作压力通常为 0.5～1.0 MPa,最低为 0.3 MPa(聚酰胺膜),最高可达 2.0 MPa(聚乙烯醇膜)。纳滤技术不仅可以有效去除饮用水中的氟离子,对地下水软化和微污染物去除等方面亦表现出了较好的效果。

膜分离技术不仅能有效地去除饮用水中的氟离子以及某些盐类物质,还能对水中的有机物、微生物、细菌和病毒等进行分离控制,而且具有分离效率高、节能、易于自动控制等优点。但是膜的污染、堵塞易使膜通量下降,耐用性变差,寿命变短,处理后浓水的排放问题至今没有得到较好的解决。

2.　微污水处理技术

微污染主要是在水源中含有各种毒素以及各种有害物,部分水质已经和国家要求的地表水标准不相符合,在经过一些特殊性的处理以后,可以被用作饮用水。微污染水源当中包含很多化学性物质,如有机物、藻类、铁、锰等,这种水质的主要特征是高锰酸钾含量指数超标,并且伴有高臭味。最近几年多个地区的水源受到了不同程度的污染,尽管有些部门一直在研究和实践,但是还是面临着微污染水中有机物含量高的威胁,所采取的过滤形式以及消毒处理也不能满足人们对水源的有效使用。

对于有机微污染物的去除,国内外的研究热点是在保留或强化传统处理工艺的同时,还要附加生物化学或特种物理化学处理工艺。习惯上把附加在常规净化工艺之前的处理工序称为预处理,把附加在常规净化工艺之后的处理工序称为深度处理。

根据对污染物的去除途径,微污染水的预处理方法可分为化学氧化法、生物预处理和吸附法；应用较广泛的深度处理技术有活性炭吸附、臭氧氧化、光催化氧化、生物活性炭和膜技术等；常规工艺的强化包括强化絮凝和强化过滤工艺。

1）预处理方法

预处理通常是指在常规处理工艺前，采用适当物理、化学和生物的处理方法，对水中污染物进行初级去除，同时可以使常规处理更好地发挥作用，减轻常规处理和深度处理的负担，发挥水处理工艺整体作用，提高对污染物的去除效果，改善饮用水水质。常见的预处理方法有化学氧化预处理技术、生物氧化预处理技术、吸附预处理技术等。

（1）化学氧化预处理技术

化学氧化预处理技术就是使用化学氧化剂，以此达到转化和破坏以及降解水中污染物的目标，进而提升水源可生化的降解性。这样也能够改善混凝的基本效果，并且减少混凝剂的使用量，还能减少水源当中的藻类。目前常用的氧化剂主要有氯气、二氧化氯、高锰酸钾和臭氧等。

预氯化会导致大量卤化有机污染物生成，且不易被后续常规处理工艺去除，可能造成处理后水的安全性下降，需慎重采用。

臭氧氧化是在人们意识到氯消毒副产物对人体具有危害之后开始重视并广泛采用的方法。臭氧具有极强的氧化能力，能杀灭细菌，还能迅速氧化分解水中大分子有机物；并且臭氧氧化能够改变有机物生色基团的结构，有效减少 UV254 的吸收。但臭氧不能将有机物完全氧化，分解形成的小分子物质也可能是致突变物；不能去除氨氮，对氯化物无氧化效果，对三氯甲烷没有去除作用。因此，臭氧氧化通常结合其他方法共同使用。

（2）生物氧化预处理技术

使用常规性的净水工艺方式需要增加生物处理工艺，并且借助微生物在新陈代谢方面的活动，让水源中的有机污染物被去除。生物预处理技术所去除的是水中的氨氮以及有机物，这是一种行之有效的办法，有关研究表明，在适当的温度以及环境条件下，此种方式所去除的氨氮能够达到 80%以上，以此让水中的氯消耗量得以减少，让卤代生物的生成量降低，与此同时还能极大地改善混凝的沉淀性功能，让混凝剂的用量也得以减少。当前的生物氧化预处理设备使用的是生物锅炉反应器，生物转盘以及塔式过滤器还有渗透方式的土地处理系统。

（3）吸附预处理技术

吸附预处理是指利用吸附剂的吸附性能来改善混凝沉淀效果的过程。此项工艺方式使用的是吸附剂制浆，在进行常规的净水之前需要进行源水混合，并且在絮凝池内部进行污染物的吸附，让污染物在絮体上一同去除。常用的吸附剂有粉末活性炭、黏土等，以粉末活性炭的应用最广。

活性炭是以木质和煤质果壳（核）等含碳物质为原料，经过物理化学方法加工而成的一种多孔性吸附材料，具有内部孔隙结构发达、比表面积大和吸附能力强的特点，主要有粉末活性炭和颗粒活性炭两大类。在各种改善水质和提高净化效果的饮用水预处理和深度处理技术中心，活性炭吸附技术是弥补常规水处理工艺存在的问题和有效去除水中微量有机污染物最成熟的方法之一。

粉末活性炭应用于微污染水处理的特点是：①使用灵活，可根据水体污染状况确定粉末活性炭的投加量，对季节性污染水体，可仅在污染严重时投加；②具有巨大活性比表面积，吸附速度快；③可以提高矾花的沉淀性能。总体而言，粉末活性炭不但可以去除水中的臭味，还可以去除水中的色度、酚类等有机物，同时有助凝作用。但粉末活性炭参与混凝沉淀过程中，残留于污泥中，目前尚无很好的回收再利用方法，致使处理费用较高，一般用于应急供水处理中。

2）深度处理技术

常用的深度处理技术主要有活性炭吸附技术、生物活性炭深度处理技术、臭氧活性炭深度处理技术。

（1）活性炭吸附技术

活性炭的多孔结构能够有效吸附水中的小分子有机物，脱色除臭。20 世纪 50 年代初期，西欧一些以地表水为水源的饮用水厂就开始使用活性炭去除水中嗅味。美国水处理工作者也认为活性炭吸附是从水中去除多种有机物的最佳实用技术。目前美国已有 90%以上的以地表水为水源的城市水厂采用活性炭吸附脱色除臭。虽然活性炭对水中一些有机物有较好的吸附作用，对降低水中致突变物活性有较明显的作用，但对一些有机氯化物、氯化致突变物的前体物去除效果较差，而且活性炭价格昂贵，长期使用吸附效果会降低，需进行再生或更换。为更有效去除有机微污染物，活性炭常与其他方法组合使用而取得更佳效果。

（2）生物活性炭深度处理技术

生物活性炭的深度处理技术主要是使用活性炭的吸附，让在水中生长的一些活性炭生物进行氧化。此项技术当中，活性炭已经充当了吸附剂的作用，对一些生物的助长有非常大的作用，能够提升水处理的基本效果，延长活性炭的积极性作用，以此起到比较好的使用效果，提升经济效益，减少运行成本等。氨氮氧化物因为受到了生物硝化的作用就能够极大地减少氯气的使用，并且极大地降低水源当中三卤甲烷（trihalomethanes，THMs）的生成量。此种方法在使用过程中需要避免使用被氯化，否则生物就不可能在活性炭上生长，并且在各种水流的冲刷过程中微生物可能发生脱落的现象，对水质产生影响。

（3）臭氧活性炭深度处理技术

臭氧活性炭深度处理技术主要是让活性炭和氧化作用联合在一起，以此发挥出活性炭的吸附性能，还能发挥出臭氧的氧化作用。在净水的工艺当中，存在很多小分子，这样对活性炭的吸附有作用。大分子的有机物会让活性炭的使用不是非常充分。臭氧活性炭深度处理的流程主要是臭氧氧化，活性炭的吸附，最后是臭氧氧化工艺方式。在加入臭氧的过程中，水源中所存在的大分子被分解为小分子结构，这样的活性炭才更加容易被吸收。

3）常规工艺强化技术

常规工艺强化技术主要有强化混凝沉淀技术和强化过滤方式。

（1）强化混凝沉淀技术

强化混凝沉淀是净水过程中使用的主要方式之一，其中的本质就是使用传统的混凝原理，对水质中含有的污染物进行去除，在水处理的过程中很多专家学者都认为此种工艺方式能够对水质进行更好的控制，并且也是经济实用的主要方式。使用强化混凝沉淀的方式需要强化混凝剂的添加量，让胶体更加稳定，主要是在吸附作用的影响下，让胶体沉淀。还要加入一些助凝剂，起到强化吸附架桥的作用，最后加入氧化以及混凝综合作用的药剂，在有机物的化学反应条件下能够对混凝所发生的条件以及 pH 进行改变。

（2）强化过滤方式

强化过滤是在过滤层吸附以及沉淀和筛滤的基础上能够将水质中含有的一些杂物进行隔离，让水得到澄清的处理。当前使用较多的过滤方式主要有：①将滤料进行替换，使用多层滤料；②使用改性滤料；③水源在过滤池之前加入助滤剂；④强化普通滤池在生物方面的作用。有学者在自然界当中筛选出来具有铁、锰以及氨氮作用的优势菌，让其在载体的表面，这样才能不断增强净水的主要功能，在使用生物方式进行过滤的过程中，所得出的铁质量浓度为 0.24～0.60 mg/L，经过实验后下降到 0.05 mg/L，锰质量浓度由原来的 7.26～8.37 mg/L，变为 0.5 mg/L。

3.3　水　质　检　测

3.3.1　水质检测的必要性

水质是农村饮水安全的重要保障，农村供水工程的水质状况直接关系农村居民的饮水安全和身体健康。及时了解水质状况，从而采取有效的水处理和消毒措施,这是掌握农村供水水质是否达标的重要手段,也是评价农村供水质量的重要依据。

农村供水水质检测一般应包括对水源水、出厂水及末梢水的检验。水质检测的目的和任务主要包括 5 个方面(北京市水利水电技术中心,2010)。

(1)检验水源水中污染物的种类和含量,判断其是否满足作为饮用水水源的要求,并为净水工艺的调整和运行提供依据。

(2)检验水处理过程中各主要净水构筑物(设备)进出水水质,分析其处理效果,以此为依据调整混凝剂、氧化剂等药剂的投加量或运行工艺参数。

(3)检验出厂水水质,检验净水工艺运行是否正常,判定供水水质是否符合我国生活饮用水卫生标准的规定,以确保供水安全。

(4)检验末梢水水质,了解供水管网的水质安全稳定性,判定供水管网及用户饮用水水质是否产生变化,为安全饮水提供保障。

(5)对水污染等应急供水事件进行应急检测,分析判断事故的原因、危害,为及时采取应对措施提供技术支持。

保证水质卫生安全是农村供水的重要任务,水质检测是确保饮水安全的重要措施,农村水厂需要开展水质检测,不应受财力、物力、人力及技术与管理的限制。首先,农村水厂作为生产单位,其产品为饮用水,根据《中华人民共和国产品质量法》规定,生产单位有责任保证自身产品的质量安全。因此,农村供水水厂应建立必要的水质检验制度,定期对水质进行检测,水质自检对于水厂调整和改善水处理工艺运行指标具有重要意义。此外,为更好地管理监管和了解农村供水工作,各级农村供水行业主管部门应进行水质检测,全面了解农村供水水质状况,及时提出有效的意见和措施。

3.3.2 水质检测能力现状

水质是农村饮水安全的重要保障。2015 年,国家在西藏自治区投资建设了 15 个农村饮水安全水质检测中心,其中地级中心 7 个,县级中心 8 个,配备了实验器材和采样车辆。目前 15 个水质检测中心已基本建成,自治区和各级地方政府积极落实运行资金,多种渠道开展检测人员的能力培训,保障 15 个农村饮水安全水质检测中心顺利运行。

为保障 15 个农村饮水安全水质检测中心的运行经费,西藏自治区相关市(区)和部分县(区)均安排专项经费预算,用于检测中心日常运行、维护和管理。

为协助 15 个检测中心培养专业检测人员,西藏自治区水利厅安排了为期 14 天共 84 学时的农村饮水安全水质检测培训课程,课程内容包括基础知识及国家标准、实验试剂、器具及采样技术、采样考核、感官性状及物理指标检测、化学常规指标、一般化学指标、毒理指标和分析考核共 8 项内容，通过理论和实践相结合的方式，培训了色度仪、浊度仪、气相色谱仪、原子吸收光谱仪、紫外分光光度计等10 种仪器的理论知识和使用方法。

西藏为高寒气候条件，与内地气候条件差异大，特别是氧含量、湿度、温度等因素差异明显，仪器设备在使用过程中还需要经过较长时期的调试和校正，农村饮水安全水质检测中心在全面投入运行方面还存在很多现实困难。

一是检测人员极其缺乏，现有检测人员均为兼职且人数较少，无正式编制，缺乏工作经验，难以满足检测技术要求。

二是大部分地级与县级检测中心的运行经费缺乏，特别是 8 个县级检测中心运行经费仍未落实，导致已建成的各级农村饮水安全水质检测中心无法较好地完成检测任务。

3.3.3 水质检测内容

农村供水工程的水质检测是指农村供水单位、上级主管部门及其委托的检测机构在运行管理监督过程中，对水源水、出厂水和末梢水等进行水样的采集与保存、水质分析、数据处理与评价的过程。

1．水质检测指标

《生活饮用水卫生标准》（GB 5749—2006）对生活饮用水的水质指标分为常规指标和非常规指标两类，合计 106 项检验指标。

（1）水质常规指标共有 42 项，是指能反映生活饮用水水质基本状况的水质指标，分为 5 个类别：微生物指标 4 项、毒理指标 15 项、感官性状和一般化学指标17 项、放射性指标 2 项、消毒剂常规指标 4 项。

（2）水质非常规指标共有 64 项，是指根据地区、时间或特殊情况需要检测的水质指标，分为 3 个类别：微生物指标 2 项、毒理指标 59 项、感官性状和一般化学指标 3 项。

应根据经济发展水平、水域污染程度、水源类型，结合实际情况选择常规和非常规指标进行检测。在选择水源或已选定水源水质情况有变化时，应坚持GB 5749—2006 中的全部常规指标及该水源可能受某种成分污染的有关指标。

2．水质检测项目及频率

根据水利技术标准《村镇供水工程运行管理规程》（SL 689—2013）的规定，

农村供水工程的水质检测项目及频率应根据原水水质、净水工艺和供水规模等综合确定，I～IV 型村镇供水工程的水质检测项目和频率均不应低于表 3.5 中的规定。

表 3.5　水质检测项目及频率

水样	检验项目	检验项目	村镇供水工程类型			
			I 型	II 型	III 型	IV 型
水源水	地下水	感官性状指标、pH	每周 1 次	每周 1 次	每周 1 次	每月 1 次
		微生物指标	每月 2 次	每月 2 次	每月 2 次	每月 1 次
		特殊检验项目	每周 1 次	每周 1 次	每周 1 次	每月 1 次
		全分析	每年 1 次	每年 1 次	每年 1 次	
	地表水	感官性状指标、pH	每日 1 次	每日 1 次	每日 1 次	每日 1 次
		微生物指标	每周 1 次	每周 1 次	每月 2 次	每月 1 次
		特殊检验项目	每周 1 次	每周 1 次	每周 1 次	每周 1 次
		全分析	每年 2 次	每年 1 次	每年 1 次	
出厂水		感官性状指标、pH	每日 1 次	每日 1 次	每日 1 次	每日 1 次
		微生物指标	每日 1 次	每日 1 次	每日 1 次	每月 2 次
		消毒剂指标	每日 1 次	每日 1 次	每日 1 次	每月 1 次
		特殊检验项目	每日 1 次	每日 1 次	每日 1 次	每日 1 次
		全分析	每季 1 次	每年 2 次	每年 1 次	每年 1 次
末梢水		感官性状指标、pH	每月 2 次	每月 2 次	每月 2 次	每月 1 次
		微生物指标	每月 2 次	每月 2 次	每月 2 次	每月 1 次
		消毒剂指标	每周 1 次	每周 1 次	每月 2 次	每月 1 次

感官性状指标，包括浑浊度、肉眼可见物、色度、臭和味。

微生物指标，主要包括菌落总数、总大肠菌群等。

消毒剂指标，根据不同供水工程的消毒方法控制指标。

特殊检验项目，水源水中氟化物、砷、铁、锰、溶解性总固体、COD_{Mn} 或硝酸盐等超标且有净化要求的项目。

全分析项目，每年 2 次时，应为丰、枯水期各 1 次；全分析每年 1 次时，应在枯水期或按有关规定进行。

水质变化较大时，应根据需要适当增加检验项目和检验频率。

进行水样全分析时，检验项目包括《生活饮用水卫生标准》（GB 5749—2006）

中规定常规指标，并根据下述情况进行适当删减：①微生物指标应检验细菌总数和总大肠菌群，当检出总大肠菌群时，应进一步检验耐热大肠菌群和大肠埃希氏菌；②消毒剂指标，应根据不同的供水工程消毒方法，为相应的消毒控制指标，如没有使用臭氧消毒时，可不检测甲醛、溴酸盐和臭氧3项指标；③常规指标中当地确实不存在超标风险的，可不进行检测，从未发生放射性指标超标的地区，可不检测放射性指标；④非常规指标在本区域已存在超标或有超标风险的指标，应进行检测，如地表水源存在微污染风险时，应增加氨氮指标的检查，以可能存在石油污染的地表水为水源时，宜增加石油类指标的检测；⑤暂不具备条件的地区，至少应检验微生物指标、毒理指标（砷、氟化物和硝酸盐）、感官性状指标、一般化学指标（pH、铁、锰、氯化物、硫酸盐、溶解性总固体、总硬度、耗氧量）和消毒剂指标等。

当检验结果超出水质指标限制时，应立刻复测，增加检验频率。水质检验结果连续超标时，应查明原因，及时采取解决措施，必要时应启动供水应急预案。

3．水质检测分析方法

根据测定原理的不同，水质检验的分析方法可分为化学分析法和仪器分析法。化学分析法是以化学反应为其工作原理的一类方法。其特点是：准确度高，相对误差一般小于1%；灵敏度较低，仅适用于样品中的常量组分分析；选择性较差，在测定前常需要对样品进行复杂的前处理；方法简便，操作快速，所需器具简单；分析费用较低。仪器分析法是使用仪器进行检验的方法，适用于定性和定量分析绝大多数的化学物质。

1）化学分析法

化学分析法是以物质的化学反应为基础的分析方法。反应类型、操作方法不同，化学分析法又分为重量分析法和滴定分析法。

（1）重量分析法

根据化学反应生成物的质量求出被测组分含量的方法。重量分析法通常是用适当的方法将被测组分和试液中的其他组分分离，然后转化为一定的形式，用称重方法测定该组分的含量。根据分离方法的不同，重量分析法又分为沉淀法和气化法。

（2）滴定分析法

滴定分析法是用一种已知准确浓度的试剂溶液（标准溶液），滴加到被测物质的溶液中（或将被测物的溶液滴加到标准溶液中），直到所加试剂与被测物质按化学计量反应完全为止，然后根据试剂溶液的浓度和用量，计算被测物质的含量。重量分析法和滴定分析法通常用于高含量和中含量组分的测定。重量分析法准确度高但操作烦琐，消耗时间较长，在常规分析中较少采用。滴定分析法操作简便、快速，所用仪器设备简单，测定结果的准确度也较高，因此，在水质分析中得到广泛应用。

2）仪器分析法

仪器分析法是以物质的物理化学性质为基础，并借用特殊仪器设备的分析方法。仪器分析法包括光学分析法、电化学分析法、色谱分析法和其他分析法等。

（1）光学分析法

光学分析法是根据物质的光学性质所建立的分析方法，主要有分光光度法、原子吸收法、发射光谱法和荧光分析法等。其中，分光光度法在可见光区称为比色法，在紫外和红外光区分别称为紫外分光光度法和红外分光光度法。

（2）电化学分析法

电化学分析法是根据物质的电化学性质所建立的分析方法，如导电分析法、电流滴定法、库仑分析法、电位分析法、伏安法和极谱法。

（3）色谱分析法

色谱分析法是一种重要的分离富集方法，主要有气相色谱法、液相色谱法以及离子色谱法。

（4）其他分析法

其他分析法包括质谱法、核磁共振和 X 射线等。

仪器分析法的优点是操作简单、快速，灵敏度高，但相对于化学分析法而言，准确度相对较低，适用于微量组分的测定；缺点是仪器价格较高，日常维修要求较高，而且越复杂、精密的仪器，维护要求就越高。此外，在进行仪器分析时，分析的预处理及分析结果必须与准确物质作比较，而所用的标准物质往往需用化学分析方法进行测定。因此，化学分析方法与仪器分析方法是互为补充的。

3.3.4　县级水质检测中心建设

目前，水利主管部门的农村供水水质检测体系正在建设中。县级水质检测中心应具备对本县内所有农村饮水安全工程的常规水质检验能力。县级水质检测中心建设时应综合考虑本县内的水厂规模、水质特征及检验资源因素，统筹规划，确定检验项目及检验设备、仪器。县级水质检测中心的基本要求是：在场所方面，有相应的工作场所和符合标准的水质化验室，并设有无菌室；在仪器设备方面，配备能够检测水质常规指标的专用检测设备、仪器；在人员方面，配备有大专以上学历或相应卫生（化学）检验等相关专业背景，且经过培训具有职业资格的专业水质检验人员。

1. 水质检测方法建议

县级农村饮水安全水质检测中心除对集中式供水工程的出厂水、末梢水水质进行自检外，还要对本县范围内的单村供水工程和分散式供水工程进行巡回检验。水质检测室（中心）建成后，应制定实验室质量管理、检验程序等管理体系文件，尽可能申请计量认证资质。对运行操作与管理人员分批培训，并定期对检验设备进行保养和维护。县级农村饮水安全水质检测中心采用的水质检验方法可参考表 3.6 确定。

表 3.6　县级水质检测中心采用的检验方法

水质指标		推荐检测方法
微生物指标	菌落总数	平皿计数法
	总大肠菌群、耐热大肠菌群、大肠埃希氏菌	滤膜法、多管发酵法或酶底物法
感官性状和物理指标	色度	铂-钴标准比色法
	浑浊度	散射光法
	臭和味	嗅气、尝味法
	肉眼可见物	直接观察法
	pH	电极法或比色法
	溶解性总固体	称量法或电极法
	电导率	电极法或比色法
	总硬度	滴定法
	挥发酚类、阴离子合成洗涤剂	分光光度法
金属指标	铝、铁、锰、铜、锌	原子吸收法或分光光度法
	砷	原子荧光法或分光光度法
	硒	原子荧光法或紫外分光光度法
	汞	原子荧光法或冷原子吸收法
	镉	原子吸收法或原子荧光法
	铬（六价）	分光光度法
	铅	原子吸收法或原子荧光法

续表

	水质指标	推荐检测方法
无机非金属指标	硫酸盐	离子色谱法或分光光度法
	氯化物	离子色谱法、容量法或分光光度法
	氟化物	离子选择电极法、分光光度法或离子色谱法
	氰化物	分光光度法
	硝酸盐	紫外分光光度法或离子色谱法
	氨氮	分光光度法
有机物	四氯化碳	气相色谱法
	耗氧量 COD_{Mn}	高锰酸钾滴定法
	石油类	紫外分光光度法
消毒剂余量及消毒副产物指标	游离余氯	DPD 分光光度法或电极法
	总氯	PDP 分光光度法
	三氯甲烷	气相色谱法
	臭氧	靛蓝现场测定法
	溴酸盐	离子色谱法
	甲醛	分光光度法
	二氧化氯	现场测定法或分光光度法
	亚氯酸盐	离子色谱法、碘量法或电极法
	氯酸盐	离子色谱法或碘量法
放射性指标	总 α 放射性	低本底总 α 检测法
	总 β 放射性	薄样法

2．水质检测仪器配备建议

县级农村饮水安全水质检测中心的现场采样所需仪器可参照表 3.7 确定，化验室仪器配备可参照表 3.8 确定。

表 3.7　现场采样所需仪器设备

主要仪器设备	基本要求	用途
车辆	能平稳宽松地放置水样冷藏箱、便携式水质检测仪器箱	①采样;②巡查监督时的现场检测;③应急供水时的现场检测
采样容器	无色和棕色玻璃瓶、聚乙烯瓶、塑料桶等	
水样冷藏箱	2～3 个，总有效容积不小于 30 L	

续表

主要仪器设备	基本要求	用途
便携式水质检测仪器箱	浊度、色度、余氯、二氧化氯、臭氧、pH、电导率、温度以及微生物等指标的便携式检测仪及其检测试剂，移液管、量筒、烧杯等	①采样；②巡查监督时的现场检测；③应急供水时的现场检测
照相机	现场记录用	

表 3.8 水质化验室配备的仪器设备

化验室名称	主要仪器设备配备	备注
天平室	万分之一电子天平，配置标准试剂、重量分析等，1台（套）	必备
理化室（试剂配置、水样处理和物理化学分析）	普通电子天平，超纯水机，蒸馏器，搅拌器，马弗炉，电热恒温水浴锅，电恒温干燥箱，离心机，真空泵，超声波清洗器等	
	玻璃仪器：量筒、漏斗、容量瓶、烧杯、锥形瓶、滴定管、碘量瓶、过滤器、吸管、微量注射器、洗瓶、试管、移液管、搅拌棒等	
	小型检验仪器：具塞比色管，酸度计，温度计，电导仪，散射浊度仪，以及余氯、二氧化碳和臭氧等指标的便携式测定仪	
药剂室	药剂、试剂和标样：根据检测项目、方法、分析仪器等确定	
微生物室	冰箱、高压蒸汽灭菌器、干热灭菌器、培养箱、菌落计数器、显微镜、培养皿、超净工作台等（各1台）	
大型水质分析仪器室（可多个房间）	紫外可见光分光光度计或可见光分光光度计，用于氯、二氧化氯、臭氧、甲醛、挥发酚类、阴离子合成洗涤剂、氟化物、硝酸盐、硫酸盐、氰化物、铝、铁、锰、铜、锌、砷、硒、铬（六价）以及氨氮和石油类等指标检测，1台	
	原子吸收分光光度计，配水焰原子化器用于镉、铅、铝、铁、锰、铜、锌等检测，1台（套），含乙炔、氩气、冷却循环水系统、空压机、电脑等配件；可增配石墨炉原子化器用于铝等的检查，含氩气、冷却循环水系统等配件	
	原子荧光光度计，用于汞、砷、硒、镉、铅等检测，1台（套）	
	高锰酸盐滴定法COD测定仪，1台	宜配
	气相色谱仪，用于四氯化碳、三卤甲烷等指标检测，1台（套）	氯消毒较多时宜配，无氯消毒室可不配
	离子色谱仪，用于氯化物、硫酸盐、硝酸盐、氟化物、溴酸盐、氯酸盐、亚氯酸盐等检测，1台（套）	有条件时可配，无条件时可不配
放射室	低本底总α、β测量系统，总α、总β放射性检测，1台（套）	一般不配

3.4 饮水安全工程需求

党中央、国务院、自治区高度重视农村饮水工作。"十五"以来，在各级党委和政府的高度重视和大力支持下，西藏自治区农村饮水困难得到了很大程度的解决，提高了全区农牧民群众生产生活水平。

尽管西藏自治区已累计投资 30.59 亿元用于农村饮水安全工程建设，解决了317.01 万人次农牧民饮水问题，但至 2017 年底仍有 90 万农牧民处于饮水不安全状态，全区农村饮水供水保证率、自来水普及率等指标也处于全国下游。一些地区农村饮水安全成果还不够牢固、容易反复，在水量和水质保障、长效运行等方面还存在一些薄弱环节，与中央提出的到 2020 年全面建成小康社会、确保贫困地区如期脱贫等目标要求还有一定差距。因此，在"十三五"期间，全区仍需投入资金用于农村饮水安全工程建设。

目前全区还有 44 个深度贫困县,分布在全区除拉萨市外的 6 个市(区)(表 3.9)。西藏边境线长达四千多千米，涉及阿里地区、日喀则市、山南市与林芝市共 4 市（区）21 个县（表 3.10）。2018 年计划脱贫摘帽县涉及日喀则市等 6 个地市共 25个县（表 3.11）。

表 3.9 全市（区）44 个深度贫困县（区）名录

市（区）	县（区）	个数
日喀则市	桑珠孜区、定日县、昂仁县、仁布县、岗巴县、仲巴县、江孜县、谢通门县、萨嘎县、 萨迦县、拉孜县、南木林县	12
山南市	措美县、隆子县、扎囊县、贡嘎县、浪卡子县	5
昌都市	江达县、边坝县、洛隆县、察雅县、芒康县、八宿县、左贡县、贡觉县	8
林芝市	墨脱县、朗县、察隅县	3
那曲市	色尼区（那曲县）、索县、巴青县、安多县、聂荣县、嘉黎县、班戈县、申扎县、 双湖县、尼玛县	10
阿里地区	措勤县、改则县、革吉县、日土县、札达县、普兰县	6
合计		44

表 3.10 全市（区）21 个边境县（区）名录

市（区）	县（区）	个数
日喀则市	定日县、康马县、定结县、仲巴县、亚东县、吉隆县、聂拉木县、萨嘎县、岗巴县	9
山南市	洛扎县、隆子县、错那县、浪卡子县	4

续表

市（区）	县（区）	个数
林芝市	墨脱县、米林县、朗县、察隅县	4
阿里地区	噶尔县、日土县、札达县、普兰县	4
合计		21

表 3.11　2018 年计划脱贫摘帽县（区）名录

市（区）	县（区）	个数
日喀则市	昂仁县、定日县、桑珠孜区、仁布县、岗巴县、仲巴县	6
山南市	措美县、隆子县、扎囊县、贡嘎县、浪卡子县	5
昌都市	江达县、边坝县、洛隆县	3
林芝市	墨脱县、朗县、察隅县	3
那曲市	索县、安多县、聂荣县、嘉黎县、班戈县	5
阿里地区	日土县、札达县、普兰县	3
合计		25

3.4.1　工程需求预测

根据对西藏自治区农村饮水安全工程现状调查，目前西藏自治区尚存在以下几种类型的工程需求。

（1）从未解决过的饮水工程。该类需求包括居住偏远、交通不便、水源匮乏的自然村和高海拔牧区分散居住点。

（2）巩固提升需求。该类需求指现状供水工程能基本运行，水量较小且冬季无水，存在管道堵塞或截潜流、水井等水源工程堵塞或损坏的问题，需要改造的工程。

（3）极高海拔生态搬迁。该类需求指极高海拔生态搬迁后的农牧民建设的农村饮水安全工程。

（4）"三岩"片区搬迁。该类需求指"三岩"片区搬迁后的农牧民建设的农村饮水安全工程。

（5）地质灾害搬迁。该类需求指地质灾害搬迁后的农牧民建设的农村饮水安全工程。

（6）易地扶贫搬迁。该类需求易地扶贫搬迁后的农牧民建设的农村饮水安全工程。

（7）学校（含中小学、幼儿园）教学点需求。该类需求包括行政村或自然村的学校、教学点、幼儿园，大多要求建设独立水源和管网。

（8）乡镇（含村委会）供水新增需求。现状情况下，大部分乡镇供水已解决或正在解决，各地（市）需求中要求进一步提升供水服务质量或从规划中解决已垫付的投资。

（9）水质性缺水需求。部分供水工程在建设初期水质达标，但运行两三年后出现了水质变差、不符合饮用水标准的情况，要求更换水源。

（10）边防哨所。新增边境一线军队饮水工程。

（11）其他。如边境小康村建设等以及其他方面的需求。

按照不同类型的需求，对全区工程建设需求进行预测，总工程点有 12 492 处，受益人口为 108.3 万人。从未解决过的饮水工程需求与巩固提升需求占比较大，其余类型占比相对较小。

3.4.2　工程技术模式

针对西藏自治区各市（区）不同的水源条件、动力条件、农牧民居住情况和工程防冻措施，因地制宜地确定工程方式。据调查，目前全区主要农村饮水安全工程的取水工程通常采用的是截潜流、机井、大口井、手压井等形式。尽管有些工程能够较为稳定地运行，但是在一些地方（牧区）的大口井、手压井等报废率仍然较高，难以发挥其效益。

总体而言，西藏农村饮水安全工程建设应采用一些较为先进的技术解决农牧民的饮水问题：①大力推广农村饮水实施联村集中供水工程，既可以减少水源工程建设，节省管理人员和费用支出，降低供水成本，便于实行供水专业化、规模化经营，又可以提高供水保证程度，提高工程管理水平和效益，特别是便于工程实施水质处理和信息自动化管理，从而使农村饮水安全得以保障；②积极采用较为先进的技术解决农村饮水问题，如"机井+变频柜+管网入户"（日喀则市定日县农村饮水安全集中供水模式）与"机井+太阳能+管网入户"（那曲市安多县农村饮水安全集中供水模式）等，确保工程的稳定运行；③积极推广已取得效果的防冻模式等。

1．集中式供水工程

集中式供水工程建设模式包括：城乡一体化供水、联片联村供水及单村供水工程等。

城乡一体化供水又称为城乡供水管网延伸供水，是指在合理选择供水水源的基础上，将供水区域由城区向乡村扩展和延伸，实现城乡"联网、联供、联营、联管"的供水工程模式。真正做到"五统一"，即统一工程建设标准、统一供水保证率、统一供水水质、统一管理、统一水价，农村居民与城市居民供水完全一致，消除城乡差别，体现以人为本。实施城乡一体化供水，淡化行政区划概念，有限利用水量充沛、水质可靠的水源，建立以城带乡、以乡带村的供水体系，完善和建设若干乡镇中心水厂，有利于在更大范围内合理配置水资源，充分发挥城市供水的技术和管理优势，解决广大农村小水厂基础设施薄弱、技术管理水平低、水质不达标、供水保证率低等问题。从长远看，城乡供水一体化、农村供水城镇化是城乡接合部地区的供水发展方向，也符合社会发展的规律。城乡一体化供水是提高农村自来水普及率，打破城乡二元结构的一项重大举措，是解决城乡接合部地区农民饮水问题的最佳选择和根本出路。

联村集中供水工程是指为解决村镇居民生活用水，为两个及以上村庄（含行政村、自然村、居民点）乡（集）镇和建制镇居民供水而修建的永久性供水工程，包括乡镇集中供水工程、跨行政村、联村、联片的集中供水工程等。联片联村集中供水，一般通过新建或改造、扩建既有水厂，采用一个供水系统向多个村镇居民供水来实现。相对而言，联片联村集中供水工程及其供水范围比城乡供水一体化的供水范围小，但可达到适度规模。

单村供水工程是指给单个行政村或自然村居民供水的工程。单村供水工程具有总投资省、建设周期短、便于管理等优点，但相对规模较大的集中式供水工程而言，其人均投资较高，管理水平较低，工程可持续年限较短，用水户较少，难以体现规模效益，很难做到长期良性运行。

集中式供水工程的供水规模相对较大、运行管理人员素质较高，易实现规模化供水、专业化管理。相对于分散式供水而言，其供水保证率高、水量水质可靠、便于管理、抵御自然灾害的能力较强、工程寿命长。因此，在发展农村供水时，应因地制宜，提倡优先建设适度规模的联片联村集中供水工程。

2. "机井+变频柜+管网入户"技术模式

1）"机井+变频柜+管网入户"技术模式基本原理

"机井+变频柜+管网入户"技术模式是指在机井泵房内增加变频柜。变频供水设备的基本工作原理是根据用户用水量变化自动调节运行水泵，使水泵出口压力保持恒定。当用户用水量少于水泵出水量时，系统根据用水量变化，水泵变频调速运行，当用水量增加时管道系统内压力下降，这时压力传感器把检测到的信号传送给变频器，控制水泵电机，使转速加快以保证系统压力恒定，反之当用水量减少时，使水泵转速减慢，以保持恒压。在整个运行过程中，始终保持系统恒压不变，使水泵始终工作在高效率区，既保证用户恒压供水，又节省电能，设备不需配备专职操作人员。该技术模式在西藏自治区日喀则市有供电的集中式供水工程中有应用，取得了较好的效果。

2）"机井+变频柜+管网入户"技术模式的主要特点

（1）经济效益显著。使用该设备，可不建造水塔、不设楼顶水箱，既减少工程的施工周期，又解决了工程造价费用高的问题，还克服了气压波动大、水泵启动频繁等不足之处。

（2）设计严谨、运行可靠、操作简单。该设备采用水泵变频恒压控制，无论系统用水量怎样变化，均能使管道出口压力保持恒定。设备具有完善的保护功能和自动、手动转换功能，运行非常可靠，并且性能良好、控制方式灵活、抗干扰能力强。且该设备采用全自动控制，比例–积分–微分（proportion-integration-differentiation，PID）调节，键盘操作，人机界面（文本、数字）显示，操作人员只需转换电控柜开关，就可以实现用户所需工况，实现全自动无人值守。

（3）高效节能、自动保护。该设备能根据用户用水量的变化来调节水泵转速，使水泵始终工作在高效率区，节电效果明显，比恒速水泵可节电 35%。设备具有完美的过载、短路、过压、欠压、缺相、过流、短路、水源缺水等自动保护功能，在异常情况下能进行信号报警、自检、故障判断等。

3. "太阳能+机井"技术模式

1）"太阳能+机井"技术模式的基本原理

"太阳能+机井"技术模式是指在原机电井基础上增加太阳能光伏电板，利用太阳能光伏电板将太阳能转换为电能，带动机井抽水。通过在原机电井的基础上增加太阳能光伏电板，能够充分利用西藏地区高海拔、太阳能充沛的特点，特别适用于高海拔、光照强的地区。

2）"太阳能+机井"技术模式的优点

（1）太阳能机电井井深一般能达到 80～120 m，地下水水质良好，基本能达到饮用水标准。

（2）太阳能机电井配备了蓄电池（3～5 kW），即使在阴天的情况下，也能够保证 2～3 d 正常供水。

（3）操作简单，通过开关按钮（空气开关）即能保障用水，使用方便。

（4）太阳能机电井井房使用加气砖砌筑，井房内水箱即使在冬季温度较低的情况下也不会结冰，能正常使用，且井房、蓄电池、水箱、水房使用区均隔离分开，使用安全。

（5）太阳能机电井比柴油机机电井更安全、方便、环保。柴油机启动不方便，不能保证正常、安全、快捷供水，柴油机耗油量大，一旦油量用尽，严重影响农牧民正常饮水，且柴油机启动后会排放大量污染物，影响井房及周围环境卫生。

4."防冻水龙头+调节蓄水池+管网延伸"技术模式

该技术模式是西藏自治区昌都市边坝县在农村饮水安全工程建设与运行中总结出来的技术模式，该模式通过多个不同高程蓄水池的串联调节及管道循环达到防冻的效果。具体技术要点如下。

1）"防冻水龙头+调节蓄水池+管网延伸"技术模式的基本原理

为解决水源水面冬季结冰的问题，采用截潜流坝引水，让水从冰面下渗透到截潜流坝的集水廊道中，再进入沉砂池沉淀后流到蓄水池，这种方式既可以保证冬天正常引水，又可以将水进行过滤，使老百姓用上清澈干净的自来水。

2）"防冻水龙头+调节蓄水池+管网延伸"技术模式的技术要点

为保证来水量，选用 PE160 管道。为避免冬季因管道结冰冻爆，在入户背水台修建方式上，采用两根 PE63 管道同时从入户主管接进背水台，再用防冻阀将两根 PE63 管道连通，从而在用完水以后可以保证水一直处于流动状态，使管道在天气寒冷的冬天不结冰，见图 3.2。

图 3.2　循环式防冻管道

为满足用水需求，保证入户水管一直处于流动状态，在供水点末端增设了一个 200 m³ 的高位末端蓄水池。这个水池的进水就是从入户末端的主管（PE63）和引水主管（PE160）直接流进这个蓄水池，再从蓄水池把水接到乡镇主管上，这样来保证冬天水溢流、不浪费，还可以让入户背水台的水一直处于流动状态。

末端蓄水池主要有三方面作用：一是储存搬迁点尾水，在来水不足的情况下，水可以倒流至搬迁点，确保正常供水；二是让入户背水台的水一直处于来回循环流动状态；三是将溢流水引到乡镇机关老蓄水池，保证乡镇供水。

3.5　农村饮水安全评价

3.5.1　评价分区

根据西藏自然地理、社会经济和水资源禀赋等情况，提出 4 个评价分区，即南部边境区、中部河谷区、东部高山峡谷区和西北部高原脆弱区。具体分区见表 3.12。

表 3.12　西藏自治区农村饮水安全评价分区情况表

分区	市（区）	县（区）
南部边境区	日喀则市	定日县、康马县、定结县、仲巴县、亚东县、吉隆县、聂拉木县、萨嘎县、岗巴县
	山南市	洛扎县、隆子县、错那县、浪卡子县
	林芝市	墨脱县、米林县、朗县、察隅县
中部河谷区	拉萨市	达孜区、墨竹工卡县、林周县、当雄县、城关区、曲水县、堆龙德庆区、尼木县
	日喀则市	仁布县、江孜县、桑珠孜区、南木林县、白朗县、谢通门县、萨迦县、拉孜县、昂仁县
	山南市	琼结县、曲松县、乃东区、扎囊县、措美县、贡嘎县、加查县、桑日县
东部高山峡谷区	林芝市	波密县、巴宜区、工布江达县
	昌都市	边坝县、丁青县、洛隆县、类乌齐县、左贡县、卡若区、察雅县、江达县、贡觉县、八宿县、芒康县
西北部高原脆弱区	那曲市	尼玛县、双湖县、申扎县、班戈县、安多县、聂荣县、色尼区（那曲县）、索县、比如县、嘉黎县、巴青县
	阿里地区	革吉县、改则县、措勤县、普兰县、札达县、噶尔县、日土县

1．南部边境区

南部边境区指位于西藏自治区南部，与境外接壤的边境县（区）。南部边境区主要包括日喀则市定日县、康马县、定结县、仲巴县、亚东县、吉隆县、聂拉木县、萨嘎县、岗巴县，山南市洛扎县、隆子县、错那县、浪卡子县，林芝市墨脱县、米林县、朗县、察隅县，共17个县（区）。该区为边境、边远地区，西部海拔较高，气候干燥寒冷；东部海拔较低，气候温和、雨量充沛、森林茂密，降雨空间分布不均，水资源差异较大。该区以农牧业为主，交通不便，水利基础设施建设相对滞后，居民相对分散，生产生活水平较低。

2．中部河谷区

中部河谷区指位于西藏自治区中部、雅鲁藏布江及其重要支流河谷沿岸的县（区）。中部河谷区主要包括拉萨市墨竹工卡县、林周县、达孜区、当雄县、城关区、曲水县、堆龙德庆区、尼木县，日喀则市仁布县、江孜县、桑珠孜区、南木林县、白朗县、谢通门县、萨迦县、拉孜县、昂仁县，山南市琼结县、曲松县、乃东区、扎囊县、措美县、贡嘎县、加查县、桑日县，共25个县（区）。该区为河谷区，海拔平均3 500 m左右，以农业为主，水土资源相对丰富，毗邻经济中心，农村居民相对集中，生产生活水平相对较高。

3．东部高山峡谷区

东部高山峡谷区指位于西藏东部、海拔较高、地形地貌以高山峡谷为主的县（区），即藏东南横断山脉、三江流域地区。东部高山峡谷区主要包括林芝市波密县、巴宜区、工布江达县，昌都市边坝县、丁青县、洛隆县、类乌齐县、左贡县、卡若区、察雅县、江达县、贡觉县、八宿县、芒康县，共14个县（区）。该区山高谷深、岭谷并列，北部海拔5 200 m左右，山顶平缓；南部海拔4 000 m左右，山势较陡峻；山顶与谷底落差可达2 500 m，为西藏主要林区。河谷地带居民相对集中，山坡地带居民分散。

4．西北部高原脆弱区

西北部高原脆弱区指位于西藏自治区西北部、以游牧为主的县（区）。西北部高原脆弱区主要包括那曲市尼玛县、双湖县、申扎县、班戈县、安多县、聂荣县、色尼区（那曲县）、索县、比如县、嘉黎县、巴青县，阿里地区革吉县、改则县、措勤县、普兰县、札达县、噶尔县、日土县，共18个县（区）。该区海拔高，平均海拔在4 500 m以上；降水少，水资源相对缺乏，地下水位较深；属于高寒地区，自然条件恶劣，交通不便，水利基础设施薄弱，人口分布较为分散，生产生活水平低；生态环境脆弱，以牧业为主，独特的牧业生产方式，形成了牧业点多、牧业点和定居点分离、冬季作业场和夏季作业场分离的特点。

3.5.2　水量评价

水量包括居民生活饮用水量以及居民点公共用水量等，不包括规模化养殖畜禽、牧区牲畜用水量和二、三产业用水量。

对于南部边境区，水量不低于 50 L/（人·d）为达标，不低于 20 L/（人·d）为基本达标。边境小康村评价标准可适当提高，水量不低于 60 L/（人·d）为达标，不低于 25 L/（人·d）为基本达标。

对于中部河谷区，水量不低于 50 L/（人·d）为达标，不低于 25 L/（人·d）为基本达标。

对于东部高山峡谷区，水量不低于 50 L/（人·d）为达标，不低于 20 L/（人·d）为基本达标。

对于西北部高原脆弱区，水量不低于 40 L/（人·d）为达标，不低于 20 L/（人·d）为基本达标。

对于集中式供水工程用水户，水量评价应根据工程实际供水能力与供水人数测算，并结合用水户问询等方式进行。

对于分散式供水工程用水户，水量评价可根据一定时间内水箱等分散式储水设施设备的储水量或能获取的水量与供水人数测算，并结合用水户问询等方式进行。

3.5.3　水质评价

水质评价指标应根据当地农村供水水源水质特点、污染源分布特征、供水工程规模、人群健康风险的可控性等因素，科学地开展评价。

对于当地人群肠道传染病发病趋势保持平稳、没有突发的地区，微生物指标中的菌落总数和消毒剂指标可不纳入评价指标，集中式供水工程可仅将总大肠菌群列为微生物评价指标，有煮沸饮用习惯的分散式供水工程用水户可不评价微生物指标。不存在放射性指标污染风险的地区，可不评价放射性指标。有污染源或近期发现特定污染物的地区，应增加特征污染物指标评价。

对千吨万人供水工程的用水户，依据工程运行期出厂水或末梢水水质检测报告进行水质评价,水质检测结果符合 GB 5749—2006 的规定为达标。

对千吨万人以下集中式供水工程的用水户,可依据工程出厂水水质检测报告,或采用现场检测等方法进行水质评价,水质检测结果符合 GB 5749—2006 中的农村供水水质宽限规定为达标。

对分散式供水工程的用水户,特别是牧区,可采用"望、闻、问、尝"等简单适宜方法进行水质现场评价。望,用透明度较高的容器盛水后对着光线观察有无悬浮在水中的细微物质,静置后容器底部是否有沉淀物。闻,用容器从水龙头接水,了解煮水时是否有异味。问,询问用水户饮水水源地情况以及长期饮用有无不良反应。尝,品尝,描述评价口感。饮用水中无肉眼可见杂质、无异色异味、用水户长期饮用无不良反应可评价为基本达标;也可进行水质检测,结果符合 GB 5749—2006 中的农村供水水质宽限规定为达标。

3.5.4　用水方便程度评价

用水方便程度指用水户获得饮用水的便利程度,通常以供水是否入户以及人力或简易交通工具(如骑马、骑摩托车等)取水往返时间或距离进行评价。

对于供水入户的用水户,用水方便程度评价为达标;因用水户个人意愿、风俗习惯,具备入户条件但未入户的,评价为达标。

对于农区供水未入户的用水户,人力取水往返时间不超过 10 min,或取水水平距离不超过 400 m、垂直距离不超过 40 m 为达标;人力取水往返时间不超过 20 min,或取水水平距离不超过 800 m、垂直距离不超过 80 m 为基本达标。

对于牧区供水未入户的用水户,可用人力或简易交通工具(包括摩托车、马、拖拉机等)取水往返时间进行评价。

人力取水往返时间不超过 15 min,或取水水平距离 600 m、垂直距离不超过 80 m 为达标;简易交通工具按时速 20 km/h 估算,取水往返时间不超过 15 min,或取水往返水平距离不超过 5 km 为达标。

人力取水往返时间不超过 30 min,或取水水平距离不超过 1 200 m、垂直距离不超过 200 m 为基本达标;简易交通工具按时速 20 km/h 估算,取水往返时间不超过 30 min,或取水往返水平距离不超过 10 km 为基本达标。

3.5.5　供水保证率评价

供水保证率,可用一年中实际供水量符合标准的天数与一年总天数的比值进行评价。

对千吨万人供水工程的用水户,供水保证率达 95%及以上为达标,90%及以上且小于 95%为基本达标。

对于千吨万人以下供水工程或分散式供水工程的用水户,供水保证率可通过入户查看、问询工程实际供水情况以及用水户储水情况,确认用水量需求得到的满足程度进行评价。

第 4 章

西藏农村饮水安全工程关键技术

西藏自治区水资源丰富,但是时空分布不平衡,自然地理条件复杂,取水条件差异甚大,取水工程情况多种多样,西藏农村饮水安全工程需因地制宜,或铺设饮水管道,或建设机井、大口井等,解决广大农牧民和农村居民的饮水安全问题。本章主要介绍水源选择、水源工程、供水管网、终端供水等关键技术,为农村供水工程的建设提供技术支持。

4.1 水 源 选 择

作为亚洲"水塔"的西藏,河流湖泊数量均列全国之首,水资源十分丰富。但西藏特殊的地理位置和气候特点,各地区之间水资源量时空分布极为不均,差异十分明显,昌都市、林芝市水资源丰富,那曲市、阿里地区水资源较为匮乏。同时各地区经济发展水平的不同,水源地分布不均衡,7 个市(区)所在地的饮用水水源地较多,县级以下城镇水源地则较少,导致人均供水量存在明显不平衡,部分城镇存在季节性缺水现象,特别是冬季,由于气温低、降水少、冻土深,部分地区不能正常供水(乔明和黄川友,2011)。

水源选择的主要任务是保证良好而足够的各种用水(魏清顺 等,2016)。水源的选择对供水工程是一个非常重要的环节,水源选择是否良好,往往成为决定村镇建设和发展的重要因素之一(李建民 等,1995)。正确地选择给水水源,必须根据供水对象对水质水量的要求,全面收集所在地区的水文、气象、地形及地质资料,进行水资源勘测和水质分析(张世瑕,2005;颜振元 等,1995)。

4.1.1 原则与顺序

1. 主要原则

水源水质良好。选择水源时首先要重视其水质,取得必要的水质资料。一般要满足下列要求:①原水要有良好的感官性状,卫生上安全;②原水中的化学指标,特别是毒理学指标应符合《生活饮用水卫生标准》(GB 5749—2006)要求;③只经加氯消毒即供生活饮用的原水,大肠菌群平均每升不超过 1 000 个;经过净化处理和加氯消毒后作生活饮用水的原水,大肠菌群平均每升不超过 10 000 个;④其他水质指标,经常规净化与消毒后,也应符合《生活饮用水卫生标准》(GB 5749—2006)要求;⑤若受条件限制,水源不能满足上述要求时,应征得卫生主管部门的同意,慎重选用原水水质较为接近生活饮用水质要求的水源,并应根据超过标准的程度,与卫生部门共同研究并提出相应的处理方法。

对于地表水水源水质,应根据《地表水环境质量标准》(GB 3838—2002)判别水源水质优劣是否符合要求。水源水质不仅要考虑现状,还要考虑远期变化趋势。

水源水量充足可靠。水源的水量既要满足当前农村生活、饲养牲畜家禽和农业生产等需要,也必须考虑适应设计年限内的人口增长、生活水平提供和生产发展等诸方面的用水需要。不仅在丰水期,即使在枯水期也能满足水量要求。因此,在选择水源时，必须对水源的水文和水文地质情况、丰枯水变化情况进行认真调查，收集资料，综合分析。对于地表水源，应了解河流的最高洪水位、最低枯水位、河流的年平均流量、丰水期最大流量、枯水期最小流量等；对于湖泊、水库主要是了解丰、枯水期的水位和可供水量。对于地下水源，应了解地下水埋藏深度、含水层厚度、补给区面积大小、地下水在各种水文年的储量等。在设计时，枯水期的可取水量大于设计取水量，干旱年枯水期设计取水量的保证率，严重缺水的地区不低于 90%，其他地区不低于 95%，枯水期也能满足用水要求。在水源水量不足时，要做好水源的综合平衡分析工作。

合理规划利用水资源。在农村，除生活饮用水外，农田灌溉、畜牧业、家庭工副业、乡镇企业等均需用水，有的用水量还很大，其中尤以农田灌溉用水量占的比重最大。因此，应统一规划水资源，合理利用地表水、地下水，以防止过量开采地下水，导致环境地质问题。选择水源时，必须配合经济、计划部门制定水资源开发利用规划，全面考虑、统筹安排、正确处理给水工程有关部门（如农业灌溉、水利发电）的关系，以求合理地运用和开发水资源。特别是对水资源比较贫乏的地区，合理开发利用水资源对所在地区的全面发展具有决定性意义。在一个地区，地表水源和地下水源的开采和利用有时是相辅相成的。地下水源和地表水源相结合、集中与分散相结合的多水源供水以及分质供水不仅能够发挥各类水源的优点，而且对于降低给水系统投资，提高给水系统工作可靠性有重大作用。

水源卫生条件好。选择水源时，应首先着眼于原水水质的好坏，以便于卫生防护；而不应依赖于净化处理，因为常规的处理对去除某些化学成分效果不理想。从防止人为造成水源污染或恶化水源水质的角度出发，在乡村规划布局时，就应选定卫生条件好的水源或便于依照《生活饮用水卫生标准》中有关规定进行防护的水源，并切实做好卫生防护工作。一般地，水源的取水点，按水流流向应选择乡村居住区的上游为宜，并与当地的水利、水文地质部门配合好。

技术上可行，经济上合理。水源选定时，应使取水、净化、输水构筑物投资节省，技术可行，运行管理方便，制水成本低，供水安全可靠。当有两个以上水源可供选择时，应通过比较技术经济选定。一般情况下，符合卫生要求的地下水，应优先作为生活饮用水源。在有条件的农村，尽量用较高地势的水源，可靠重力输送。在水源唯一的条件下，经专业部门化验，确认水源水质会引起某些地方疾病时，选择水源应特别慎重。应尽量采取凿深井或承压水，选择较为经济合理的水源。

2. 优先顺序

各地的水源情况差异很大，为了便于选好农村生活饮用水水源，除依照上述原则选择外，具备多水源时，应按照先后顺序确定适宜的水源。

（1）适宜生活饮用的地下水源有泉水、承压水（深层地下水）、潜水（浅层地下水）。

（2）适宜生活饮用的地表水源有水库水、淡水湖泊水、江河水、山溪水、塘堰水。

（3）便于开采，但尚需适当处理后，方可饮用的地下水源。如水中所含的铁、锰、氟等化学成分超过生活饮用水卫生标准的地下水源。

（4）需深度净化处理，方可饮用的地表水源。如受到一定程度污染的江河、湖库、塘堰等水源。

（5）缺水的地区可采用修建蓄水构筑物，如水窖、水窑等，收集降水作为分散式农村供水水源。

我国室外给水设计规范明确规定，凡符合卫生要求的地下水，应优先考虑作为生活饮用水的水源。采用地表水源时，须考虑天然河道中取水的可能性，而后考虑需调节径流的河流。

4.1.2　地表水源

地表水源常能够满足大量的用水需要，故常采用地表水作为供水的首选水源。地表水易开发利用，是较好的供水水源。但是地表水也易受各种自然因素的影响，水质很不稳定。季节、气候、雨雪、潮汐、地形、土质、岩层、植物覆盖及人类活动等影响，都可以使地表水的水质发生变化。此外，地表水的水质特点还与地表水的种类有关。

1. 江河水

江河水资源丰富，是重要的供水水源。一般江河洪枯流量及水位变化较大，水中含泥沙等杂质较多，且易发生河床冲刷、淤积和河床演变。平原冲积河流的河床通常由土质组成，河床较易变形，常呈顺直微曲、弯曲及游荡等状态。各河段各具特点，稳定性出入很大。对顺直微曲河段，一般河岸不易被冲刷，河面较宽，易在岸边形成泥沙淤积的边滩，应注意边滩下移可能造成对取水水源的不良后果。对弯曲河段，应注意凹岸不断地被冲刷，凸岸不断地淤积，使河流弯曲度逐渐加大，甚至发展成为河套，并可能裁弯取直，以"弯曲—裁直—弯曲"作周期性演变。对游荡河段，河身宽浅，浅滩汊道密布，河床变化迅速，主流摇摆不定，对设置供水水源极为不利，必要时应有整治河道的措施。

山区河流形态复杂，河床陡峻，流量变幅很大，洪水来势猛烈，历时很短；枯水期流量较小，甚至出现多股细流和表面断流情况。

江河水水源的径流流域广，流程长，流量大，江河水的主要来源是降雨形成的地面径流，它能冲刷并携带地面的污染物质进入水体流速较大的江河水，冲刷两岸和河床，并将冲刷物卷入水中。所以，江河水一般浑浊度较大，细菌含量较高；江河水流经矿物成分含量高的岩石地区，水中还会含有矿物成分；江河水的主要补给源是降水，水质较软，由于长期暴露在空气中，水中溶解氧的含量较高，稀释和净化能力都较强。江河水流量的变化对其水质有较大影响。在洪水期，大量降水进入江河，带入了大量泥沙、有机物和细菌等杂质，使水质恶化、浑浊度升高、水中细菌含量也增多；因大量降雨的稀释作用，水的含盐量和硬度则急剧下降。在枯水期，江河主要由地下水补给，水量较少，流速变缓；浑浊度降低，含盐量却升高，硬度也较大。在寒冷地区，冬季江河表面封冻，水中细菌含量达到一年中的最低值。解冻时，冰面的污物大量进入水中，积存融雪水流入，细菌含量又随之上升，浑浊度增高，盐类含量则降低。除以上自然因素影响外，对水质污染影响最大的还是沿岸排入江河的生活污水和工业废水，它们不仅使水体的物理性状恶化，化学组分改变，而且因含有毒物质和病原体而引起毒害或介水传染疾病。

2. 湖泊水

湖水水量充沛，可作为供水水源。湖水的流动一般较缓慢，水在湖中的停留时间较长，进入湖中的不少悬浮杂质能靠重力作用下沉。湖水的浑浊度一般较低，细菌含量相对较少。阳光可以射入较深的水层，在春夏季交接期或夏季，水中易繁殖藻类及浮游生物，对水质的影响极大。进入秋季后，藻类的死亡又会使水体产生特殊的臭味和颜色，严重影响水质。湖水的水量和水质受降水影响一般较小。

3. 水库水

水库可以通过年径流调节，以确保枯水期取得所需的水量，水质较好，可作为供水水源。水库水的特征基本上与湖泊水相似，仅矿物质含量一般较湖水高，特别是一些较深的水库，往往会出现含铁量和含锰量过高的现象。

4. 地表水源地的选择

地表水取水中的位置选择非常关键，其选择是否恰当直接影响取水的水质和水量、取水的安全可靠性、投资、施工、运行管理以及河流的综合利用。在选择取水构筑物位置时必须根据河流水文、水力、地形、地质、卫生等条件综合研究，提出几个可能的取水位置方案，进行技术经济比较，在条件复杂时，尚需进行水工模型试验，从中选择最优的方案，选择最合理的取水构筑物位置。

1）水质因素

影响水质的因素如下。

（1）取水水源应选在污水排放出口的上游 100 m 以上或下游 1 000 m 以下的地方，当江河水质不好时，取水口宜伸入江河中心水质较好处取水，并应划出水源保护范围。

（2）在泥沙较多的河流，应根据河道横向环流规律中泥沙的移动规律和特性，避开河流中含沙量较多的河流地段。在泥沙含量沿水深有变化的情况下，应根据不同深度的含沙量分布，选取适宜的取水高程。

（3）取水口选择在水流畅通和靠主流的深水地段，避开河流的回流区或死水区，以减少水中漂浮物、泥沙等影响。

2）河床与地形

取水河段形态特征和岸形条件是选择取水口的重要因素，取水口的位置应根据河道水文特征和河床演变规律，选在比较稳定的河段，并能适应河床的演变。

（1）在弯曲的河段上取水，取水构筑物位置宜设在水深岸陡、含泥沙量少的河流的凹岸，并避开凹岸主流的顶冲点，一般宜选在顶冲点的稍下游处。

（2）在顺直的河道上，取水构筑物位置宜设在河床稳定、深槽主流近岸处，通常也就是河流较窄、流速较大、水较深的地点。取水构筑物处的水深一般要求不低于 2.5～3.0 m。

（3）在有河漫滩的河段上，应尽可能避开河漫滩，并要充分估计河漫滩的变化趋势。在有沙洲的河段上，应离开沙洲 500 m 以上，当沙洲取水方向有移动趋势时，这一距离还需适当扩大。

（4）在有支流汇入的河段上，应注意汇入口附近的"泥沙堆积堆"的扩大和影响，取水口应与汇入口保持足够的距离，一般取水口多设在汇入口干流的上游河段。

（5）在分汊的河段，应将取水口选在主流河道的深水地段。

3）人工构筑物和天然障碍物

河流上常见的人工构筑物（如桥梁、丁坝、拦河闸坝等）和天然障碍物，往往引起河流水流条件的改变，从而使河床产生冲刷或淤积，因此，在选择取水构筑物位置时，必须加以考虑。

（1）桥梁。桥孔缩减了水流断面，上游水流滞缓，造成淤积，抬高河床，冬季产生冰坝。取水口应设置桥前滞流区以上 0.5～1.0 km 或桥后 1.0 km 以外的地方。

（2）丁坝。丁坝把主流挑离本岸，通向对岸，在丁坝附近形成淤积区，取水构筑物如与丁坝同岸，则应设在丁坝上游，与坝前浅滩起点相距不小于 150 m；取水构筑物也可设在丁坝对岸（需要有护岸设施），但不宜设在丁坝同一岸侧的下游，因主流已经偏离，容易产生淤积。此外，残留的施工围堰、突出河岸的施工弃土、陡岸、石嘴对河流的影响类似丁坝。

（3）拦河闸坝。闸坝上游流速减缓，泥沙易于淤积，故取水口设在上游时应选在闸坝附近、距坝底防渗铺砌起点 100～200 m 处。当取水口设在闸坝下游时，水量、水位和水质都受到闸坝调节的影响，并且闸坝泄洪或排沙时，下游可能产生冲刷和泥沙涌入，取水口不宜与闸坝靠的太近，而应设在其影响范围之外。取水构筑物宜设在拦河坝影响范围以外的地段。

4）工程地质及施工条件

工程地质及施工条件如下。

（1）取水构筑物应设在地质构造稳定、承载力高的地基上，不宜设在淤泥、断层、流沙层、滑坡、风化严重的岩层和岩溶发育地段。在地震地区不宜将取水构筑物设在不稳定的陡坡或山脚下。取水构筑物也不宜设在有宽广河漫滩的地方，以免进水管过长。

（2）选择取水构筑物位置时，要尽量考虑施工条件，除要求交通运输方便、有足够的施工场地外，还要尽量减少土石方量和水下工程量，以节省投资，缩短工期。

4.1.3　地下水源

1. 地下水源的特点

地下水的来源主要是大气降水和地面水的入渗。渗入水量的多寡与降雨量、降雨强度、持续时间、地表径流和地层构造及其土壤的透水性能有关。大部分地区的地下水受行程、埋藏和补给等特殊条件的影响，具有水质澄清、水温稳定、分布面广等特点。

地下水按含水层的埋藏状态可分为上层滞水、潜水和承压水。上层滞水的补给源主要为降雨，其水量随季节变化大，不稳定。尤其是在上层滞水隔水层范围小、厚度不大、距地表较近时，往往在短时间内消失。因上层滞水埋藏较浅，降雨又为其主要补给源，极易受人类活动的污染，不宜作为供水量大、要求稳定的供水水源。

潜水水量较为丰富，是重要的供水水源。但潜水含水层的水位、埋藏深度、水量和水质等均显著受气候、水文、岩性、地质构造等因素的影响，随时间不断地变化并呈现明显的季节性变化。丰水季节潜水补给条件好，储量增加，水层变厚，潜水水位上升。枯水季节补给量小，储量下降，水层变薄，潜水水位下降。潜水经地层的渗滤，隔开了大部分悬浮物和微生物，水质物理性状较好，细菌含量比地面水少。在潜水埋藏地区,土壤中若含有可溶物质,则水流流经土壤时,矿物质含量增加。水中的溶解氧会被土壤中的各种生物化学过程消耗,所以潜水溶解氧含量大为减少。当土壤被污染,尤其是被日常生活的废弃物所污染,存在于土壤中的病原菌及其他微生物等就有可能随水下渗而污染地下水。一般说来,土壤污染程度越大、地下水位越高,则水质污染情况越严重。地下潜水的水质还与土壤的物理性状有关:当地下水通过较为致密的土壤时,流动缓慢,过滤作用强,水质污染程度较轻;反之,土壤的孔隙度大,流速快,过滤作用弱,污染扩散较快,污染范围也较大。潜水的主要补给来源是降雨和地表径流,人类活动造成的地表污染,很容易渗透到潜水含水层中。因此,在开发利用潜水时,应充分考虑这些特点。

承压水是较好的供水水源。承压含水层的主要补给来源是渗入补给,在承压水的补给区,如果雨量丰富、河系发达,则承压水的补给相对充足。承压含水层的大部分地区顶部有不透水层阻隔,与大气及地表水之间无密切联系,水位和水量受气象、水文因素影响较小,一般比较稳定,承压水比潜水水质要好。承压水水质物理性状透明无色,细菌含量少,水温低且恒定。承压水中的矿物质含量与其储藏条件有密切关系,一般情况下,含盐量比地表水和潜水偏高,水质较硬。承压水的补给局限在补给区,所以承压水不像潜水那样容易得到补充和恢复。但当承压水含水层分布范围广、厚度较大时,往往具有良好的多年调节能力。承压水一般不易受到污染,但一经污染,则很难净化和恢复。承压水的补给区往往较远,含水层直接露出地表,该区域的环境保护对保证水质有着重要的作用。

地下水水源一般水质较好,不易被污染,但径流量有限。一般而言,开采规模较大的地下水的勘察工作量很大,开采水量会受到限制。采用地下水水源时,一般按泉水、承压水、潜水的顺序考虑。

地下水取水中关键是确定地下水水源地。水源地的选择,对于大中型集中供水,是确定取水地段的位置与范围;对于小型分散供水而言,则是确定水井的井位。它不仅关系建设的投资,而且关系是否能保证取水设施长期经济、安全地运行和避免产生各种不良环境地质作用。水源地选择是在地下水勘察的基础上,由有关部门批准后确定的。

2. 集中式供水水源地的选择

进行水源地选择,首先考虑的是能否满足需水量的要求,其次是它的地质环境与利用条件。

1) 水源地的水文地质条件

取水地段含水层的富水性与补给条件,是地下水水源地的首选条件。因此,尽可能选择在含水层层数多、厚度大、渗透性强、分布广的地段上取水,如选择在冲洪积扇中、上游的砂砾石带和岩溶含水层,规模较大的断裂及其他脉状基岩含水带。在此基础上,应进一步考虑其补给条件。取水地段应有较好的汇水条件,应是可以最大限度地拦截区域地下径流的地段,或接近补给水源和地下水的排泄区;应是能充分夺取各种补给量的地段。例如,在松散岩层分布区,水源地尽量靠近与地下水有密切联系的河流岸边;在基岩地区,应选择在集水条件最好的背斜倾末端、浅埋向斜的核部、区域性阻水界面迎水一侧;在岩溶地区,最好选择在区域地下径流的主要径流带的下游,或靠近排泄区附近。

2)水源地的地质环境

在选择水源时,要从区域水资源综合平衡的观点出发,尽量避免出现新旧水源之间、工业与农业之间、供水与矿山排水之间的矛盾。即新建水源地应远离原有的取水或排水点,减少互相干扰。为保证地下水水质,水源地应远离污染源,选择远离城市或工矿排污区的上游,应远离已污染(或天然水质不良)的地表水体或含水层的地段;避开易于使水井淤塞、涌砂或水质长期浑浊的流沙层或岩溶充填带;为减少垂向污水渗入的可能性,最好选择含水层上部有稳定隔水层分布的地段。此外,水源地应选在不易引起地面沉降、塌陷、地裂等有害工程地质作用的地段上。

3)水源地的经济性、安全性和扩建前景

在满足水量、水质要求的前提下,为节省建设投资,水源地应靠近供水区,少占耕地;为降低取水成本,应选择在地下水浅埋或自流地段;河谷水源地要考虑水井的淹没问题;人工开挖的大口井取水工程,则要考虑井壁的稳固性。当有多个水源地方案可供选择时,未来扩大开采的前景条件也常常是必须考虑的因素之一。

3. 小型分散式水源地的选择

以上集中式供水水源地的选择原则,对于基岩山区裂隙水小型水源地的选择,也基本上是适合的。但是基岩山区地下水分布极不普遍和不均匀,水井的布置将主要取决于强含水裂隙带的分布位置。此外,布井地段的地下水位埋深、上游有无较大的补给面积、地下水的汇水条件及夺取开采补给量的条件也是确定基岩山区水井位置时必须考虑的条件。

4.1.4 水源保护

水源的卫生防护是保证水质良好的一项重要措施,也是选择水源工作的一个必不可少的组成部分,其目的就是要防止水源受到污染。供水水源的开发一般直接利用自然界的淡水资源,高度重视自然界淡水资源的综合开发利用,保护淡水资源不因过分开采而枯竭、不因人为污染而造成水质恶化是十分重要的。地表水、地下水、天然降水之间有着十分密切的联系;空气、土壤的污染对水源水质有着重要的影响。因此,水源保护是一个复杂的问题,应从多方面给予综合考虑(张世瑕,2005)。

作为农村生活饮用水水源,若缺乏必要的卫生防护,不断受到污染,无论净化设备如何完善,也难以保证供给质量良好的用水;即便是水质好的水源,若不加防护,也会逐渐变差。因此,无论是地表水源还是地下水源,为保障水源的清洁卫生,都应在确定水源和取水点的同时,针对本地区的具体情况,严格按照《生活饮用水卫生标准》的有关规定,在水源附近设置卫生防护地带。农村饮用水水源地保护区划分主要参照《饮用水水源保护区划分技术规范》(HJ 338—2018)执行。

地表水源和地下水源的特点不同,以及取水方式各异,它们对水源卫生防护地带的具体要求也不一样。对于农村供水工程,两类水源的卫生防护应着重注意的问题分述如下。

1. 地表水源的保护

对于集中式供水水源,其卫生防护地带的范围和要求如下。

(1)取水构筑物及其附近的卫生防护。为防止取水构筑物及其附近水域受到直接污染,其取水点周围半径不小于 100 m 的水域内,不得进行停靠船只、捕捞、游泳和从事一切可能污染水源的活动,并应设置明显的范围标志。并由供水单位设置明显的范围标志和严禁事项的告示牌。

(2)取水点上下游的卫生防护。河流取水点上游 1 000 m 至下游 100 m 的水域内,不得排入工业废水和生活污水;其沿岸防护范围内,不得堆放废渣,不得设置有害化学物品的仓库、堆栈或设立装卸垃圾、粪便和有毒物品的码头;沿岸不得使用工业废水或生活污水灌溉、施用有持久性或剧毒性的农药,并不得从事放牧。

(3)水库、湖泊水源的卫生防护。供生活饮用水的水库和湖泊,取水点周围部分水域或整个水域,也按上述要求执行。水厂生产区外围不小于 10 m 的范围内,不得设置生活居住区和修建禽畜饲养场、渗水厕所、渗水坑,不得堆放垃圾、粪便、废渣或铺设污水管道,应保持良好的卫生条件并应充分绿化。

对于分散式供水水源,其卫生防护地带的范围和要求可以参照集中式供水水源的卫生防护地带的范围和要求,或根据具体条件和实际情况采取分段用水、分塘用水等措施,将生活饮用水水源或取水点与其他用水水源或取水点隔离开,以防止互相干扰和污染生活用水。

2．地下水源的卫生防护

（1）取水构筑物的卫生防护。取水构筑物的防护范围，应根据水文地质条件、取水构筑物的形式和附近地区的卫生状况确定，其防护措施应与地面水水厂生产区要求相同。

（2）防止取水构筑物周围含水层的污染。为了防止对取水构筑物周围含水层的污染,在单井或井群的影响半径范围内,不得使用工业废水或生活污水灌溉和施用有持久性或剧毒的农药。井的影响半径大小与水文地质条件和抽水量的大小有关。一般地,粉砂含水层,影响半径为 25～30 m;砂砾含水层,影响半径可达 400～500 m。如覆盖层较薄,含水层在影响半径范围内露出地面或地面水有相互补充关系时,在井的影响半径范围内,不得修建渗水厕所、渗水坑,不得堆放废渣或铺设污水渠道,并不得从事破坏深土层的活动。如取水层在水井影响半径范围内未露出地面,或取水层与地面水没有相互补充关系时,可根据具体情况设置较小的防护范围。

（3）做好封井工作。地下水取水构筑物种类很多,用作生活饮用水水源的水井,一定要认真做好封井工作,以防地面水下渗污染井水水质。

（4）分散式地下水源的卫生防护。对于分散式给水水源,其水井周围 30 m 的范围内,不得设置渗水厕所、渗水坑、粪坑、垃圾堆和废渣堆等污染源,并应建立必要的卫生制度。如规定不得在井台处洗菜、洗衣服、喂牲畜,严禁向井内投扔垃圾等;规定要求将井台抬高,加设井盖,设置公用提水桶,定期清掏井中污泥,以及加强消毒等措施。

2004 年西藏自治区人民政府颁布了《西藏自治区饮用水水源环境保护管理办法》,自 2005 年 1 月 1 日起实行,但此管理办法仅适用于西藏自治区行政区域内集中式供水的城镇饮用水源环境保护管理。

4.2 水 源 工 程

4.2.1 水库

西藏的农村供水工程目前还没有采用水库供水。这里仅简要介绍平原水库的一些相关的设计与施工的内容（曹升乐,2007）。平原水库是相对于山区水库而言的一种水源调节水库,一般位于大江、大河下游的冲积平原地区。这类地区地质的普遍特点是表层为黏土或亚黏土,下部为砂土。这些地区大部分为低洼易涝盐碱地。因受地理位置、气候、区域地质等影响，平原水库相对于山丘区水库有其独有的特征。平原水库没有有利的地形条件可利用，需要修筑一个封闭的土坝，坝轴线多为近似四边形、椭圆形或折线形。坝线较长，占地面积大，水面蒸发量大，水面吹程长，围坝地质条件复杂，加之承载力束缚、结构稳定和渗流稳定要求高，一般坝高为 2～8 m，超过 10 m 坝高的平原水库工程比较少。平原水库大多坐落在滨海或低洼沼泽且缺少砂石料的地区，所修筑的土坝一般为均质土坝。土坝断面较大。平原地区表层的黏土及亚黏土较薄，下部一般为渗透系数较大的粉细砂，其物理力学性能指标不满足筑坝要求，若远距离取土则费用很高，同时，基础存在渗漏问题，不能把坝筑得过高，而且还要防止周围地区次生盐渍化。当地砂石材料的缺乏，致使平原水库土坝（围堤）迎水坡护坡工程投资可能要占到工程总投资的 40%～50%，而山区型水库一般不到 10%。由于水头较小，平原水库一般没有发电任务。

水库的设计与施工可查阅相关的文献资料。

4.2.2　泵站

水泵是将电动机（或采油机）的机械能转化为水的动能和势能的一种设备。它既可以从水源（地表水源、地下水源）取水，也可以按配水管网对水量和水压的要求向水塔或管网送水。水泵在整个村镇给水系统中所占的投资比重虽然不大，但水泵运行所消耗的动力费用却占自来水制水成本的 50%～70%。

水泵站是安装水泵、动力机械及其辅助设备的建筑物。泵站不仅是村镇供水系统的主要组成部分，还是村镇供水工程设计的重要内容。农村的水厂自水源取水至清水池的输送，都要依靠水泵来完成。同时，输配水管网中也需要水泵来调节水压与流量。据分析，机泵耗去的动力费用要占水厂制水成本的一半以上。所以合理选择水泵和设计泵房不仅可以保证正常供水，而且对于降低成本也具有重要意义。村镇供水工程中的泵站设计，应符合《泵站设计规范》（GB 50265—2010）的有关规定。以下介绍泵站的分类与设置、设计基本要求等（董安建和李现社，2013）。

1. 泵站的分类与设置

村镇供水工程中泵站，按功能可分为取水泵站、供水泵站等，一般应根据供水系统的实际需要设置。

1）取水泵站

取水泵站主要是指提升原水的泵站，通常布置在水源附近，且应满足取水构筑物的设计要求。

（1）地下水取水泵站通常采用潜水泵从水源井内抽水，规模较大的工程应向水厂内的调节构筑物送水；劣质地下水工程应向水厂内的水处理设施送水；水质良好的单村或联村工程可直接向配水管网供水（此情况取水泵站也是供水泵站，可采取气压供水或变频调速供水，以适应用水量的变化，并应对饮用水进行消毒后供水）。

（2）地表水取水泵站应向水厂内的水处理设施抽送原水，通常采用离心泵抽水。泥沙含量较低的地表水可采用潜水泵抽水，扬程较低的大型工程可采用轴流泵或混流泵抽水。抽取的高浊度地表水的水泵应采取耐磨损措施。

2）供水泵站

供水泵站一般是指水厂内提升清水的泵站，一般布置在清水池附近，应满足水厂总体布置要求。

（1）供水泵站一般采用离心泵从清水池中抽水，也可采用潜水泵从清水池中抽水（此种情况潜水泵放置在清水池中，其安装设计应注意维修时不影响清水池的水质）。

（2）平原地区的供水泵站多数直接向配水管网供水，宜采取变频调速供水，以适应水量的变化；山丘区的供水泵站，多数向高位水池供水。

3）加压泵站

加压泵站指增加局部管网水压的泵站，对远离水厂或位置较高的用水区进行二次加压供水，应根据水厂内供水泵站的扬程、配水干管的布置及水头损失计算、居民区分区的地形等确定。

（1）平原地区宜采用变频调速水泵机组向配水管网直接供水；山丘区宜设高位水池，由加压泵站向高位水池供水。

（2）用水高峰时段可能存在来水量不足或供水规模较大，加压泵站宜设置前池（容积按调节构筑物要求确定）；来水量充足且供水规模不超过 1 000 m^3/d 时，可采用无负压供水装置加压供水（也称叠压供水）。

（3）随着新农村建设步伐的加快与乡村振兴战略的逐步实施，很多农村开始建设 4～6 层集中居住的住宅楼，原有的供水系统不能满足楼房的压力要求，也需要设置加压泵站，通常采用无负压供水装置向楼房加压供水。

（4）平原区规划新建规模化水厂供水工程时，供水范围内的农村楼房用水水压可由水厂内供水泵站直接提供，也可以由各村楼房区分设加压泵站提供。水厂内供水泵站的扬程，第一种情况比第二种情况要高 12～16 m，应根据农村楼房建设现状及发展前景等具体情况，通过经济、管理与服务等综合比较确定。

2. 设计的基本要求

1）泵站的设计扬程与流量

泵站扬程即泵站净扬程，等于泵站出水池末端与进水池首端处的水位高差。在确定泵站扬程时，首先应该确定进出水的水位，然而，水位通常是随时间不同而经常变化的，即为随机变量。所谓的泵站扬程是对应于某一频率而言的，确定水位时应该进行频率分析，频率分析要求有足够的资料，否则会引起很大的误差。对于资料不足的泵站，在确定进、出水池水文时，应该借助于上、下游水文站的其他资料加以延长，然后再进行频率分析，确定设计频率所对应的设计水位，从而求得不同频率所对应的水位和扬程。水位频率计算与泵站扬程的计算可以参阅相关的文献资料。泵站的设计流量与扬程应根据水厂的输配水管网的水力计算结果按照下列要求确定。

（1）向水厂净水构筑物（或净水器）抽送原水的取水泵站设计要求：设计扬程应满足净水构筑物的最高设计水位（或净水器的水压）要求，应根据水厂净水工艺的竖向布置确定。设计流量应为最高日工作平均取水量。

（2）向调节构筑物抽送良好地下水或清水池的泵站设计要求：设计扬程应满足调节构筑物的最高设计水位要求。高位水池和水塔的最高设计水位，应满足其控制范围内的最不利村（或乡镇）的最不利用户接管点和消火栓设置处的最小服务水头要求；清水池的最高设计水位，应根据清水池的布置确定。设计流量应为最高日工作时的平均用水量。

（3）直接向无调节构筑物的配水管网供水的泵站设计要求：设计扬程应满足配水管网中最不利村（或乡镇）的、最不利用户接管点和消火栓设置处的最小服务水头要求。设计流量应为最高日工作时的最高时用水量。

2）水泵机组设计基本要求

水泵站是安装水泵、动力机及其辅助设备的构筑物。合理的设计水泵站对于发挥设备效益、节省工程投资、延长机电设备寿命和安全运行有着重要的意义。水泵站设计主要是选择泵站厂房结构类型及其内部设备布置。

水泵机组的设计基本要求如下。

（1）水泵机组的选择应根据泵站的功能、流量和扬程，进水含沙量、水位变化，以及出水管路的流量——扬程特性曲线等确定。

（2）水泵性能和水泵组合应满足泵站在所有正常运行工况下对流量和扬程的要求，常见流量时，水泵机组在高效率区运行；最高与最低流量时，水泵机组能安全、稳定运行。

（3）有多种泵型可供选择时，应进行技术经济比较，选择效率高、高效率区范围宽、机组尺寸小、日常管理和维护方便的水泵。

（4）近远期设计流量相差较大时，应按近远期流量分别选择水泵，且便于更换，泵房设计应满足远期机组布置要求。

（5）向配水管网直接供水的泵站，其设计流量为最高日工作时的最高时用水量，多数时间流量较小。拟选水泵的设计扬程和流量宜在其特性曲线高效率区的右端（即扬程较低和流量较大的部位）。

（6）规模化供水工程的泵站，应采用多泵工作，并设备用泵（小型供水工程，有条件时也应设备用泵）。地表水取水泵站以及向高位水池供水的泵站，宜采用相同型号的水泵。向配水管网直接供水的泵站，宜采用大小泵搭配，但型号不宜超过3种。备用泵型号至少有1台与工作泵中的大泵一致。每台水泵宜单设进水管。

（7）离心泵的安装高程，应尽可能满足自灌式充水，并在进水管上设检修阀；不能自灌式充水时，泵房内应设充水系统，并按单泵充水时间不超过5 min设计。离心泵机组可按照《卧式水泵隔振及其安装》（98S102）和《立式水泵隔振及其安装》（95SS103）设隔振措施，包括采用橡胶挠性接管和隔振基座等，以改善工作环境。

（8）潜水电泵的安装高程，顶面在最低设计水位下的淹没深度，管井中不应小于3 m，大口井和辐射井中不小于1 m，进水池中不小于0.5 m；底面距水底的距离，应根据水底的沉淀（或淤积）情况确定。

（9）向高地输水的泵站，应在其出水管上设水锤消除装置，可采用两阶段关闭的液控蝶阀、多功能水泵控制蝶阀或缓闭止回阀等。

3. 泵房设计注意事项

对农村供水的小型水泵站，可以不再进行泵房整体稳定性计算及构件的结构计算。目前生产上采用泵房的类型很多，机组类型不同，水源与地下水条件、地质条件、建筑材料及枢纽布置的不同，要求设计与客观条件相适应的泵房形式也各不相同。

（1）泵房设计应便于机组和配电装置的布置、运行操作、搬运、安装、维修和更换以及进出水管的布置。

（2）泵房内的主要人行通道宽度不应小于1.2 m，相邻机组之间、机组与墙壁间的净距不应小于0.8 m，且泵轴和电动机转子在检修时应能拆卸；高压配电盘前的通道宽度应不小于2.0 m；低压配电盘前的通道宽度应不小于1.5 m。

（3）供水泵房内，应设排水沟、集水井，水泵等设备的散水应不回流至清水池（或井）内，地下或半地下式泵站应设排水泵。

（4）泵房至少应设一个可以通过最大设备的门。

（5）水源井设置在井泵房内时，宜在井口上方屋顶处设吊装孔。

（6）泵房高度应满足最大物体的吊装要求，起重设备应满足最重设备的吊装要求。

（7）泵房设计应根据具体情况采取相应的采光、通风和防噪声措施。寒冷地区的泵房，应有保温与采暖措施。

（8）泵房地面层应高出室外地坪 0.3 m。

4.2.3　截潜流

在西藏的一些山区，有埋藏较浅、水质较好的潜水，如修建渗渠、集水井，即可收集到这部分地下水，经消毒处理后，可利用地形高差，将水经管道输送至用户，这就是截潜流（水）重力式给水系统。另外有一些山区，存在沿地表面流淌的山溪水，这类地表水一般水质较好，但水量随季度变化较大，如能采取一定措施，在适宜的地点筑坝蓄水，配以简易净水构筑物，利用地形高差，通过管道可利用重力输送至各用户。但在筑坝前需认真做好水质分析、水文与工程地质调查等工作，准确地计算可供水量，尤其是干旱枯水季节的水量。

截潜流的主要取水构筑物是渗渠。

1. 渗渠的主要形式与构造

渗渠是集取浅层地下水或河床渗透水的一种水平地下取水构筑物。它的基本形式有集水明渠和集水管两种，包括在地面开挖、集取地下水的渠道和水平埋没在含水层中的集水管渠。

渗渠适用于开采埋深小于 2 m、厚度小于 6 m 的含水层。它具有适应性强、有利于河床下部潜水、改善水质等优点，广泛地应用于山间河谷平原或山前冲积平原地带以及其他场合。渗渠主要依据加大长度增加出水量，以此区别于井。渗渠可分为完整式和不完整式。

明渠集取地下水，可在地面上直接开挖建成，其成本低，适用于开采浅层地下水。但明渠集水暴露于地表，水源容易受污染。集水管形成的渗渠的埋没在地表以下，受地表污染相对轻，安全可靠，是取水工程中最常见的形式。

渗渠取水系统主要有集水管（渠）、集水井、检查井和泵站组成。集水管既是集水部分，也是向集水井输水的通道。集水管一般由穿孔钢筋混凝土管组成，水量较小时可用穿孔石棉水泥管、铸铁管、陶土管组成，有时也可用砖、石块、预制砌块砌筑或用木框架组合而成。

集水井用以汇集集水管来水，并安装水泵或吸水管，同时兼有调节水量和沉砂作用。集水井的构造尺寸应视其功能需要分别考虑调节、消毒接触停留时间及水泵吸水等要求确定。一般多采用钢筋混凝土结构，常修成圆形，也有矩形的。

为便于检修、清通，应在集水管末端、转角处和变径处，设置检查井，直线段每隔 30～50 m 设置一个检查井，当集水管径较大时，距离还可以适当增加一些。为防止污染取水水质，地面式检查井应安装封闭式井盖，井顶应高出地面 0.5 m。为防止洪水冲开井盖、淤塞渗渠，考虑卫生与安全，检查井应以螺栓固定密封。检查井的宽度（直径）一般为 1～2 m，并设井底沉沙坑。

2. 渗渠的选址与布置

1）渗渠位置的选择

渗渠位置的选择是否合理直接关系渗渠的出水量、出水水质、出水的稳定性、使用年限以及建造成本等重大问题。渗渠位置的选择是渗渠设计中一个重要而复杂的问题，有时甚至关系工程的成败。选择渗渠位置时应综合考虑水文地质条件和河流的水文条件，要预见到渗渠取水条件的种种变化（魏清顺 等，2016；全国爱国卫生运动委员会办公室，2003）。

渗渠应选择在水力条件良好的河段，如靠近主流或水流较急处，有一定冲刷力的凹岸；渗渠应设在含水层较厚并无不透水夹层的地带；渗渠应设在河床稳定、河水较清、水位变化较小的河段；渗渠应选择在具有适当地形的地带，以利取水系统的布置，减少施工、交通运输、征地及场地整理、防洪等有关费用。

2）渗渠布置

渗渠布置是发挥渗渠工作效益、降低工程造价与运行维护费用的关键之一。实际工作中，应根据地下水补给来源、河段地形、水文及水文地质条件、施工条件等而定。

渗渠布置一般有三种方式：平行于河流；垂直于河流；平行和垂直（或成某一角度）组合布置等。实际上，在选择渗渠位置时即应同时考虑渗渠的布置方式、系统的组成与构造，这样可最大限度地截取河床潜流水。

3. 渗渠的水力计算

渗渠水力计算是根据取水量确定管径、管内流速、水深和管底坡度等。渗渠取水量的影响因素很多，不仅与水文地质条件和渗渠的布置方式有关，还与地表水体的水文条件有关。具体计算要分很多种情况，如在计算时要考虑是潜水还是承压水，完整式还是非完整式，是水平集水管还是倾斜集水管，有无地面水体的补充等，情况比较复杂，具体计算过程可参阅相关文献资料。渗渠水力计算方法与一般重力流排水管相同。集水管较长时，应分段进行计算。

集水管（渠）中水流通常是非充满的无压流，其充满度（管渠内水深与管渠内径的比值）一般采用 0.4～0.8。管内流速应按不淤流速进行设计，最好控制在 0.6～0.8 m/s，渗渠出水量受地下水位和河水水位变化影响，计算时应根据地下水和河水最高及最低水位的渗渠出水量校核其管径和最小流速。集水管的设计动水位最低要保持管内的 0.5 m 的水深；当含水层较厚，地下水量丰富，管渠内水深可再大些。集水管向集水井的最小坡度不小于 0.2‰。集水管管径应根据最大集水流量经水力计算确定，一般在 600～1 000 mm。对于小型取水工程，可不考虑进入管中清淤问题，管径可小些，但不得小于 200 mm。

4．渗渠的设计

根据工程实践经验，因渗渠取水条件比较复杂，往往面临剧烈的径流变化、游移不定的河流变迁、水流冲刷淹没、水质改变、河床与含水层严重淤积、淤塞等一系列问题，致使渗渠取水要比其他地下水取水方式冒更大的风险。在设计时，要根据水文地质条件、施工及其他现场条件等妥善处理渗渠的形式、构造、位置与布置方式以及正确地选择渗渠的主要设计参数。

渗渠的设计要注意以下事项（全国爱国卫生运动委员会办公室，2003）：渗渠出水正常与否和使用年限长短，主要与位置选择、埋没深度、人工滤层颗粒级配及施工质量有关，设计时应详细调查、搜集水文地质、水文资料；施工时应严格按设计的人工滤料级配分层铺设；回填渗渠管沟时，应使用挖出的原土。用土围堰施工的渗渠，完工后应将围堰拆除干净，以免影响河床水流。设计时应考虑备用渗渠或地面水进水口，以保证事故或检修时，供水不致中断。提升渗渠出水的水泵抽升能力，应充分考虑丰、枯水期水量的变化情况。避免将渗渠埋设在排洪沟附近，以防渗渠被堵塞或冲刷。为了增加产水量，有条件时，可在渗渠下游适当位置修建地下潜水坝等。

1）集水管

集水管常用有孔眼的钢筋混凝土管。钢筋混凝土管或混凝土集水管每节长 1～2 m，内径不小于 200 mm，若需要进入清理，则不应小于 600 mm。管壁上的进水孔一般为圆孔或条孔。圆孔的直径多取 20～30 mm。为避免填料颗粒堵塞，应使孔眼内大外小，孔眼呈交错排列。孔眼净距应考虑结构构造与强度要求，一般为孔眼直径的 2～2.5 倍。条形孔宽一般为 20 mm，孔长为 60～100 mm，条孔间距纵向为 50～100 mm，环向为 20～50 mm。进水孔通常沿管渠上部 1/2～2/3 周长布置，其总面积一般为管壁开孔部分面积的 5%～10%。

无砂混凝土管是用水泥浆胶结砾石而成（内配钢筋）的，一般灰石比取 1:6，水灰比取 0.4 左右，砾石直径为 5～10 mm。这种管材制作简单，不需要专门预留孔眼，孔隙率较高，可达 20%。除无砂混凝土外围需要填 0.3 m 厚的粗砂以防孔隙堵塞外，不必填人工反滤层。其余管材壁上的孔眼可参照一般混凝土的要求确定，管段接口方式视管材情况而定。

在集水管外围一般需设人工反滤层，以保持含水层的渗透稳定性。人工反滤层的设计与辅助质量将直接影响渗渠的出水量、水质及使用年限，应予以特别重视。反滤层应铺设在渗透来水方向。当集取河床渗透水时，只需在集水管上方水平铺设反滤层；当集取河流补给水和地下水潜流水时，应在上方和两侧铺设。反滤层的层数、厚度和滤料粒径与大口井井底反滤层相同，一般采用 3～4 层，每层厚度 200～300 mm，上厚下薄，上细下粗。

2）检查井

检查井的设置不仅要求符合生产运行，还应注意安全卫生上的要求，可以考虑全埋式检查井。

3）集水井

集水井应考虑有足够的空间以沉淀泥砂、消毒和保证水泵吸水管的安装和吸水要求。

4.2.4　机井

机井又称管井，是地下水取水构筑物井的最主要的形式之一。在西藏的北部地区如那曲市、阿里地区等主要就是采取机井取水。

1. 机井的形式与构造

机井一般指用凿井机械开凿至含水层中，用井壁管保护井壁，垂直地面的直井，是地下水取水构筑物中应用最广的一种。一般用钢管做井壁，在含水层部位设滤水管，用来进水，防止砂砾进入井内。管井口径较小（一般为 150～600 mm，以 200～400 mm 最常用）、深度较大（一般为 50～300 m，以 100 m 左右最常见）、构造复杂，适用于各种岩性、埋深、厚度和多层次的含水层。但是在细粉砂地层中易堵塞、漏砂；含铁的地下水中，易发生化学沉积。按井底是否达到隔水层地板，分为完整井和非完整井。

机井的结构因其水文地质条件、施工方法、提水机具和用途等的不同，其结构形式各种各样，大致可以分为井室、井壁管、过滤器、沉淀管等 4 个部分（魏清顺 等，2016；全国爱国卫生运动委员会办公室，2003），见图 4.1。

1）井室

井室位于最上部，是用来保护井口免受污染，放置设备，进行维护管理的场所。井室的形式主要取决于抽水设备，同时还受到气候及水源地卫生条件的影响。常见井室按所安装的抽水设备不同，可建成深井泵房、深井潜水泵房和卧式泵房等，其形式可分为地面式、地下式或半地下式。为防止井室地面的积水进入井内，井口应高出地面 0.3～0.5 m。为防止地下含水层被污染，井口周围用黏土或水泥等不透水材料封闭，其封闭深度不得小于 3 m。井室内应有一定的采光、通风、采暖、防水和防潮等设施。

2）井壁管

井壁管不透水，其主要作用是加固井壁、隔离不良（如水质较差、水头较低）的含水层。它主要安装在不需要进水的岩土层段（如咸水含水层段、出水少的黏性土层段等）。井壁管应具有足够的强度，能承受地层和人工充填物的侧压力，不易弯曲，内壁平滑圆整，经久耐用。

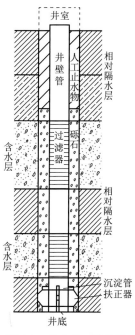

图 4.1　机井的一般构造

井壁管材料常用以铸铁管、混凝土管、砾石水泥管和硬质塑料管等，也有采用钢管、钢筋混凝土管以及玻璃管的，一般情况下钢管适用的井深范围不受限制，但管壁厚度需要随着井深的增加而加厚；铸铁管一般适用于井深小于 250 m；钢筋混凝土管一般适用于井深小于 150 m。

井壁管内径应按出水量要求、水泵类型、吸水管外形尺寸等因素确定，一般应大于或等于过滤器的内径，当采用潜水泵或深井泵扬水时，井壁管的内径应比水泵井下部分最大外径大 100 mm。在井壁管与井壁间的环形空间中填入不透水的黏土形成的隔水层，称为黏土封闭层，部分地方为了开采地下深层含水层中的淡水，为了防止咸水沿着井壁管和井壁之间的环形空间流向填砾层，并通过填砾层进入井中，必须采用黏土层封闭以隔绝咸水层。

3）过滤器

过滤器是机井取水的核心部分，他直接连接井壁管，安装在含水层中，是机井用以阻挡含水层中的砂粒进入井中，集取地下水，并保持填砾层和含水层稳定的重要组成部分，俗称花管。

过滤器的结构形式及材料应取决于井深、含水层颗粒组成、水质对滤水管的腐蚀性及施工方法等因素。正确选用其结构形式及材料，是保证井出水量和延长井寿命的主要因素。过滤器表面的进水孔尺寸，应与含水层土壤颗粒组成相适应，以保证其具有良好的透水性和阻砂性。过滤器的基本要求是有足够的强度和抗腐蚀性能，具有良好的透水性，能有效地阻挡含水层砂粒进入井中，并保持人工填砾层和含水层的稳定性。

过滤器的类型有钢筋骨架过滤器，圆孔、条孔过滤器，缠丝过滤器，包网过滤器，填砾过滤器，装配式砾石过滤器等。在实际施工过程中，根据实际情况选择合适的过滤器类型。

4）沉淀管

井的下部与过滤器相接的是沉淀管，用以沉淀进入井内的细小砂粒和自水中析出的沉淀物，其长度一般依含水层的颗粒大小和厚度而定，一般为 2~10 m。当含水层厚度在 30 cm 以上且属细粒度时，沉淀管的长度不宜小于 5 m。

2．机井的水力计算

单井出水量与含水层的厚度和渗透系数、井中水位降落值及井的结构等因素有关。机井水力计算的目的是在已知水文地质等参数的条件下，通过计算确定管井在最大允许水位降落值时的可能出水量，或在给定出水量时计算确定机井可能的水位降落值。井的出水量（或水位降落）计算公式通常有两类，即理论公式和经验公式。在工程设计中，理论公式多用于根据水文地质初步勘察阶段的资料进行的计算，其精度差，故只适用于考虑方案或初步设计阶段；经验公式多用于水文地质详细勘察和抽水试验基础上进行的计算，能较好地反映工程实际情况，故通常用于施工图设计阶段。参考了相关的文献（魏清顺 等，2016；杜茂安和韩洪军，2006），总结如下。

1）理论公式

井的实际工作情况十分复杂，其计算情况也是多种多样的。例如，根据地下水流动情况，可以分为稳定流与非稳定流、平面流与空间流、层流与紊流或混合流等；根据水文地质条件，可分为承压与无压、有无表面下渗及相邻含水层渗透、均质与非均质、各向同性与各向异性等；根据井的构造，可分为完整井与非完整井等。实际计算中都是以上各种情况的组成，因此，情况比较复杂，要根据具体情况选择合适的计算方法。机井的出水量计算的理论公式繁多，计算地下水稳定流条件下井的出水量，一般采用裘布依（Dupuit）公式。

（1）稳定流完整井

①潜水含水层完整井。潜水含水层完整井示意图见图 4.2。

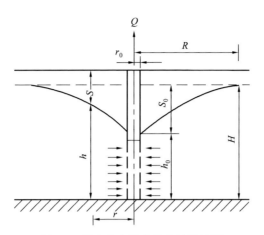

图 4.2　潜水含水层完整井计算简图

单井出水量采用下列公式进行计算：

$$Q = \frac{1.366K(H^2 - h_0^2)}{\lg\dfrac{R}{r_0}} = \frac{1.366K(2H - S_0)S_0}{\lg\dfrac{R}{r_0}} \qquad (4.1)$$

式中：Q——单井出水量，m^3/d；

K——渗透系数，m/d；

H——含水层厚度，m；

h_0——稳定抽水时，井外壁水位至不透水底板高差，m；

R——影响半径，m；

r_0——井的半径，m；

S_0——稳定抽水时，井外壁水位降落深度（降深），m。

②承压含水层完整井。承压含水层完整井的示意图见图 4.3。

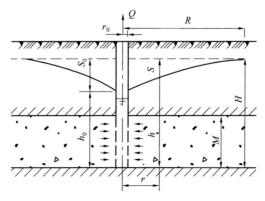

图 4.3　承压含水层完整井的计算简图

单井出水量计算公式为

$$Q = \frac{2.73KM(H - h_0)}{\lg \dfrac{R}{r_0}} = \frac{2.73KMS_0}{\lg \dfrac{R}{r_0}} \tag{4.2}$$

式中：H——自由水面与含水层底板的高差，即承压含水层水头，m；

      M——承压含水层厚度，m；

      其余符号意义同前。

上述公式（4.1）与公式（4.2）中水文地质参数 K 与 R 可参考经验数据确定，见表 4.1 和表 4.2。

表 4.1　渗透系数 K 经验数值表

岩性	渗透系数 K/（m/d）	岩性	渗透系数 K/（m/d）
重亚黏土	<0.05	中粒砂	5～20
轻亚黏土	0.05～0.1	粗粒砂	20～50
亚黏土	0.1～0.5	砾石	100～200
黄土	0.25～0.5	漂砾石	200～500
粉土质砂	0.5～1.0	漂石	500～1 000
细粒砂	1～5		

表 4.2　影响半径 R 经验数值表

地层类型	地层颗粒		影响半径 R/m	地层类型	地层颗粒		影响半径 R/m
	粒径/mm	所占重量/%			粒径/mm	所占重量/%	
粉砂	0.05～0.1	70 以下	25～50	极粗砂	1～2	>50	400～500
细砂	0.1～0.25	>70	50～100	小砾石	2～3		500～600
中砂	0.25～0.5	>50	100～300	中砾石	3～5		600～1 500
粗砂	0.5～1.0	>50	300～400	粗砾石	5～10		1 500～3 000

（2）稳定流非完整井

①潜水含水层非完整井。潜水含水层非完整井见图 4.4。

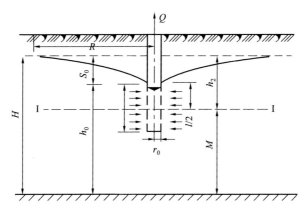

图 4.4　潜水含水层非完整井计算简图

单井出水量计算公式为

$$Q = \pi K S_0 \left[\frac{l + S_0}{\ln \dfrac{R}{r_0}} + \frac{2M}{\dfrac{1}{2\bar{h}}\left(2\ln\dfrac{4M}{r_0} - 2.3A\right) - \ln\dfrac{4M}{R}} \right]$$

$$M = h_0 - 0.5l \tag{4.3}$$

$$A = f(\bar{h})$$

$$\bar{h} = \frac{0.5l}{M}$$

式中：$\bar{h}$——由辅助曲线确定；

其余符号意义同前。

②承压含水层非完整井。承压含水层非完整井见图 4.5。

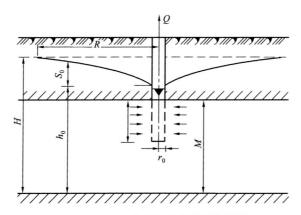

图 4.5　承压含水层非完整井计算简图

单井出水量计算公式为

$$Q = \frac{2.73KM(H - h_0)}{\dfrac{1}{2\bar{h}}\left(2\lg\dfrac{4M}{r_0} - A\right) - \lg\dfrac{4M}{R}}$$

$$\bar{h} = \frac{l}{M} \tag{4.4}$$

$$A = f\left(\frac{\bar{h}}{n}\right)$$

式中：$\bar{h}$——过滤器插入含水层的相对深度，m；

   A——由辅助曲线确定的函数值；

   l——过滤器的长度，m；

   其余符号的意义同前。

对于很厚的含水层（$l \leqslant 0.3M$），承压含水层非完整井出水量的计算可以采用下列公式：

$$Q = \frac{2.73KMS_0}{\lg\dfrac{1.32l}{r_0}} \tag{4.5}$$

式中：符号意义同前。

（3）非稳定流

在自然界中，地下水的稳定流动只是相对的，当地下水持续下降时，就应该采用非稳定流理论来解释地下水运动的动态变化过程。包含时间变量的承压含水层完整井非稳定流机井出水量理论公式可采用泰斯公式（4.6）计算：

$$S = \frac{Q}{4\pi KM}W(u) \tag{4.6}$$

式中：S——水井以恒定出水量 Q 抽水时间 t 时间后，观测点处的水位降落值，m；

   Q——井的出水量，m^3/d；

   $W(u)$——井函数，$W(u) = f(r, t, K, M, \mu_s)$；

   μ_s——储水系数；

   其余符号意义同前。

非稳定流机井的出水量计算比较复杂，其他各种情况计算可参考其他相关文献。水源地的实际水文地质条件往往与裘布依公式的假定条件有较大的差别，因此，机井的实际出水量与理论公式计算所得出水量相差较大。在实际工程中机井出水量的确定，可采用实际抽水试验与理论公式计算相结合的办法。

2）经验公式

实践中，常常根据水源地或水文地质相似地区的抽水试验所得的井出水量与水位降落值，即 $Q-S$ 曲线计算出水量。这种方法的优点在于不必考虑井的边界条件，避开难以确定的水文地质参数，能够全面地概括井的各种复杂影响因素，计算结果比较符合实际情况。井的构造形式对抽水试验结果有较大的影响，故试验井的构造应尽量接近设计井，否则应进行适当的修正。

经验公式是根据抽水试验资料，绘制出水量 Q 和水位降落 S 之间的关系曲线，进而求出曲线的方程式，即经验公式。根据得出的经验公式，可计算在设计水位降落时的井的出水量，或根据既定的井出水量预测相应的水位降落值。

工程实践中常用的 $Q-S$ 曲线有以下几种类型：直线型（$Q=qS$）；抛物线型 $[S=aQ+bQ^2(b\neq 0)]$；幂函数型（$Q=n\sqrt[m]{S}$）；半对数型（$Q=a+b\lg S$）。在数学上，这些曲线经过适当的变形，都可以直线化，从而简化了计算。

选用经验公式计算时，应利用不小于三次的抽水试验数据，绘制 $Q-S$ 曲线，进而利用不同的直角坐标，做出其直线化的图形，以判别出水量曲线类型。

3．机井的设计

机井的设计主要包括以下几个方面。

1）初步确定机井的井位、形式、构造等

根据水文地质资料和相关参数，以及用户对水质、水量等的要求，确定水源产水能力和备用井数，选择抽水设备进行井群布置。

2）确定机井最大出水量

可根据理论公式或经验公式确定。

3）机井径的确定

根据稳定流理论公式可知，井径增大，进水的过水断面面积增大，井的出水量增加。然而实际测定表明，单纯地依靠大井径来增加出水量的措施并不理想，只有在一定的范围内，井径对井的出水量有较大影响，而且增加的水量与井径的增加不成正比。例如，井径增加 1 倍，井的出水量仅增加 10%左右；井径增大 10 倍，井的出水量只增加不到 50%左右。这是由于理论公式假定地下水流为层流、平面流，忽略了过滤器附近的地下流态变化的影响。事实上，水流趋近井壁，进水断面缩小，流速变大，水流由层流转变为混合流或紊流的状态，且过滤器周围的水流为三维流。因此，机井的井径不宜选择过大，否则出水量增加不明显，建井成本却增加较多，经济上不合理。

一般认为，机井的井径以 200～600 mm 为宜。井径与出水量的关系也可以采用经验公式计算。常用的形式如下。

（1）在透水性较好的承压含水层，如砾石、卵石、砂砾石层可用直线型经验公式

$$\frac{Q_1}{Q_2} = \frac{r_1}{r_2} \qquad (4.7)$$

式中：Q_1——小井的出水量，m^3/d；

$\quad\;\; Q_2$——大井的出水量，m^3/d；

$\quad\;\; r_1$——小井的半径，m；

$\quad\;\; r_2$——大井的半径，m。

（2）在无压含水层，可用抛物线型经验公式

$$\frac{Q_1}{Q_2} = \frac{\sqrt{r_2}}{\sqrt{r_1}} - n \qquad (4.8)$$

式中：n 为系数，$n = 0.021\left(\dfrac{r_2}{r_1} - 1\right)$；

其余符号意义同前。

在设计中，设计井和勘探井井径不一致时，可结合具体条件应用上述或其他经验公式进行修正。

4）过滤器设计

过滤器设计包括形式选择、直径和长度的确定、安装位置确定等。过滤器的类型繁多，概括起来有不填砾和填砾两大类。

（1）钢筋骨架过滤器

钢筋骨架过滤器每节长 3~4 m，是将两端的钢制短管、直径为 16 mm 的竖向钢筋和支撑环焊接而成的钢筋骨架，外边再缠丝或包网组成过滤器。此种过滤器用料省、易加工、孔隙大；但抗压强度低，抗腐蚀性差，一般仅用于不稳定的裂隙含水层。不宜用于深度大于 200 m 的机井和侵蚀性较强的含水层。

（2）圆孔、条孔过滤器

圆孔、条孔过滤器是由金属管材或非金属管材加工制成的，如钢管、铸铁管、钢筋混凝土及塑料管等。过滤器孔眼的直径和宽度与其接触的含水层颗粒粒径有关，孔眼大，进水通畅，但挡砂效果差；孔眼小，挡砂效果好，但进水性能差。孔眼在管壁上的平面布置形式常采用相互错开品字形分布。进水孔眼的直径或宽度可参考表 4.3 选取。

表 4.3　过滤器进水孔眼直径或宽度选择

过滤器名称	进水孔眼的直径或宽度	
	均匀颗粒（$\frac{d_{60}}{d_{10}} < 2$）	不均匀颗粒（$\frac{d_{60}}{d_{10}} > 2$）
圆孔过滤器	（2.5～3.0）d_{50}	（3.0～4.0）d_{50}
条孔和缠丝过滤器	（1.25～1.5）d_{50}	（1.5～2.0）d_{50}
包网过滤器	（1.5～2.0）d_{50}	（2.0～2.5）d_{50}

注：d_{60}、d_{50}、d_{10} 分别为颗粒中按重量计算有 60%、50%、10%的粒径小于这一粒径；较细砂层取小值，较粗砂取大值

为保证管材具有一定的机械强度，各种管材的孔隙率宜为：钢管 25%～30%；铸铁管 23%～25%；石棉水泥管和钢筋混凝土管 15%～20%；塑料管 15%。

近年来，非金属过滤器的使用有了一定的发展，其中钢筋混凝土过滤器的应用，在农灌井中取得了较好的效果。如内径 300 mm 的钢筋混凝土条孔过滤器，其孔隙率可达 16.2%，耗钢量仅为同口径的钢质过滤器的 10%左右。又如玻璃钢、硬质聚氯乙烯过滤器具有抗腐蚀性强、重量小、便于批量生产等优点。虽然塑料井管仍存在一些缺点，如环向耐压强度低、热稳定性差等，但是在今后的推广使用中将能得到进一步发展。圆孔、条孔过滤器可用于粗砂、砾石、卵石、砂岩、砾岩和裂隙含水层。但实际上单独应用较少，多数情况下用作缠丝过滤器、包网过滤器和填砾过滤器等的支撑骨架。

（3）缠丝、包网过滤器

缠丝过滤器是以圆孔、条孔过滤器为骨架，并在滤水管外壁铺放若干条垫筋（直径 6～8 mm），然后在其外面用直径为 2～3 mm 的镀锌铁丝并排缠绕而成。缠丝材料应无毒、耐腐蚀，抗拉强度大和膨胀系数小；缠丝断面形状宜为梯形或三角形。缠丝过滤器适用于粗砂、砾石和卵石含水层，进水挡砂效果良好，强度较高，但成本高；铁丝一旦生锈，可形成铁饼状，对进水影响极大。近年来，采用尼龙丝等耐腐蚀性的非金属丝。

包网过滤器由支撑骨架、支撑垫筋或支撑网、滤网组成，在滤网外常缠金属丝以保护滤网。滤网由直径为 0.2～1.0 mm 的金属丝编制而成，网孔大小可根据含水层颗粒组成参照表 4.3 确定。包网过滤器适用于砂、砾卵石含水层，但包网阻力大，易被细砂堵塞，易腐蚀，已逐渐被缠丝过滤器所取代。

（4）填砾过滤器

填砾过滤器多数是在上述各类过滤器的外围填充一定规格的砾石组成。这种人工填砾层亦成为人工反滤层。填砾层一般对进水影响不大，而能截留含水层中

的骨架颗粒,使含水层保持稳定。实际上,填充砾石(亦称填砾或填料)也是一般机井施工的需求,因为机井施工过程中在钻孔时,过滤器与井壁管之间形成的环状间隙必须填充砾石,以保持含水层渗透稳定性。

填砾过滤器的滤料厚度,应根据含水层的岩性确定,可为 75~150 mm;滤料的高度应超过过滤器的上端。填砾过滤器适用于各种砂质含水层和砾石、卵石含水层,在地下水取水工程中应用较广泛。

(5)装配式砾石过滤器

装配式砾石过滤器便于分层填砾(或贴砾)、砾石层薄、井的质量易于控制、井的开口直径小、可组织工厂化生产,相应地减少现场的施工工作量。但是,这种形式过滤器的加工较复杂、造价高、运输不便、吊装重量较大。常见的装配式砾石过滤器有笼状砾石过滤器、贴砾过滤器、砾石水泥过滤器等。

4. 滤水速度设计

机井抽水时,地下水进入过滤器表面时的速度,称为滤水速度。机井抽水量增加,此滤水速度相应增大。但滤水速度不能过大,否则,将扰动含水层,破坏含水层的渗透稳定性。因此,过滤器的滤水速度必须小于等于允许滤水速度,见式(4.9):

$$v = \frac{Q}{F} = \frac{Q}{\pi D l} \leqslant v_f \tag{4.9}$$

式中:v——进入过滤器表面的流速,m/d;

Q——机井出水量,m³/d;

F——过滤器工作部分的表面积,m²,当有填砾层时,应当以填砾层外表面积计;

D——过滤器外径,m,当有填砾层时,应以填砾层外径计;

v_f——允许入井渗流流速,m/d,$v_f = 65\sqrt[3]{K}$,其中 K 为含水层渗透系数,m/d。

当过滤器滤水速度大于允许滤水速度时,应调整井的出水量或过滤器的尺寸直径与长度,以减小滤水速度,使其满足要求。

5. 井群系统

在大规模地下水取水工程中,一眼机井往往不能满足供水要求,常由多个机井组成取水系统形成井群。井群系统在西藏地区比较少见,主要是西藏地广人稀,在农牧区,一般的机井基本上就能够满足要求。以下仅作简单介绍。

1)井群系统的分类

井群平面布置一般按直线排列,也可以布置成网格形式。根据取水方式和汇集井水的方式，井群系统可以分为自流式井群、虹吸式井群、卧式泵取水井群、深井泵（立式泵）或空气扬水装置取水的井群。

（1）自流式井群

当承压含水层中地下水具有较高的水头，且井的动水位接近或高出地面时，可以用管道将水汇集至清水池、加压泵站或直接送入给水管网。这种井群系统成为自流式井群。

（2）虹吸式井群

虹吸式井群适用于埋藏深度较浅的含水层。它是用虹吸管将各个机井中的水汇入到集水井，然后再用泵将集水井中的水送入清水池或给水管网。虹吸井群无需在每个井上安装抽水设备，造价较低，易于管理。

（3）卧式泵取水井群

当地下水位较高，井的动水位距地面不深时（一般为 6～8 m），可用卧式泵取水。当井距不大时，井群系统中的水泵可以不用集水井，直接用吸水管或总连接管与各井相连吸水，这种系统具有虹吸式井群的特点。当井距大或单井出水量较大时，应在每个井上安装卧式泵取水。

（4）深井泵（立式泵）或空气扬水装置取水的井群

当井的动水位低于 10～12 m 时，不能用虹吸管或卧式泵直接自井中取水，需要用深井泵（包括深井潜水泵）或空气扬水装置。深井泵能抽取埋藏深度较大的地下水，在机井取水系统应用广泛。当井数较多时，宜采用遥控技术以克服管理分散的缺点。设有空气扬水装置的井群系统造价较低，但设备效率较低，一般较少采用。

2）井群的位置和系统选择

井群的位置和系统选择与布置方式对整个给水系统都有影响，应切实从水文地质条件及当地其他条件出发，按下列要求考虑：尽可能靠近用户；取水点附近含水层的补给条件良好，透水性强，水质及卫生状况良好；取水井应尽可能垂直于地下水流向布置，井的间距要适当，以充分利用含水层；充分利用地形，合理地确定各种构筑物的高程，最大限度地发挥设备效能，节约电能；尽可能考虑防洪及影响地下水量、水质变化的各种因素。

为了井与井之间抽水时互不干扰，相邻两井的距离应大于两倍的影响半径。这样虽然抽水时井与井之间互不干扰，但占地面积大，井群分散，供电线路和井间联络管很长，管理极不方便。当井群井数较多时，宜集中控制管理，减小供电线路和井间联络管的长度，井的间隔可小于影响半径的两倍。这样布置，相邻两井抽水时必然产生相互干扰，这种现象称为井群的互阻。

6. 机井施工技术

1）机井施工前期工作要求

井孔定位。一般机井施工都是通过招标确定承包人，并采用监理制和合同制管理。承包人应根据标书所设计确定的井位进行施工，在确定井位时，要与业主与施工监理在现场共同认定。所定井位如与设计不完全一致时，应以业主与监理人员的意见为准。若确定的井位与设计有较大的出入时，应征得设计方的同意，并由设计方出具变动设计的文字材料。

钻机类型选择。一般回转式正循环钻机适应的地层为松散层和基岩层、黏性土和砂土类；回转式反循环钻机适应的地层为黏土、砂、卵砾石层；冲击式钻机适应的地层为松散层、黏土、砂、卵砾石层；冲抓式钻机适应的地层为黏土、砂、卵砾石层、大漂石。

施工前的准备。施工前的准备包括场地平整、泥浆池的开挖和钻机安装等。这些准备工作都由承包人根据施工的需要独立完成。

（1）业主负责提供施工场地，若遇赔偿时，承包人可通过监理与业主协调解决，所发生的费用不应包含在投标费用内。

（2）施工用水。机井施工时所需的水量，由业主就近提供，若需要开挖临时输水渠或输水管，由承包人自行开挖输水渠或准备输水管，若需要小型水泵时，亦由承包人准备。临时输水距离一般不超过 300 m。

（3）施工用电。施工时所用电源，原则上由承包人自行解决，在标书上单列动力费用，当地如有施工用电时，承包人可通过监理与业主协调解决，动力费用亦应在结算时做合理的扣除或折减。

（4）施工用黏土。由承包人根据钻探需要，准备合乎要求的黏土，数量亦根据钻探的实际需要自备。

（5）回填滤料。由承包人负责提供，滤料应符合设计要求，不合格的颗粒含量不得超过 15%，滤料应有较好的磨圆度，不得含土及杂草杂物，严禁使用风化石、角砾石做滤料。滤料除按设计备妥外，还要准备一定的余量。

（6）井管。一般采用钢制管，壁厚 5～6 mm，井管要求圆度好、平直无弯曲，不得有残缺裂纹，焊缝应平整，不得有焊瘤、气孔、裂纹、烧穿现象，内壁必须光滑，由承包人提供。

（7）滤水管。由承包人提供，圆孔缠丝滤水管，孔隙率一般为 25%～30%，不小于 20%，缠丝间距应等于或略小于滤料粒径的下限，缠丝间距应均匀，不得出现疏密不同的情况，缠丝不得脱落，缠丝应采用镀锌铁丝，不得有锈蚀和锈斑，滤水管内部应光滑无毛刺。

2）钻井

钻井口径。开、终孔均不得小于设计值，以终孔时钻头外径尺寸作为检验的依据。

钻井要求圆直、光滑，孔内不得有台阶，孔斜不得小于 1。

钻井中泥浆使用。为保证井孔正常出水，尽量使用低黏度的泥浆，一般钻井时，泥浆黏度不得大于 20 s。在钻井中严禁向井内投入黏土、黏土块等，所使用的泥浆必须要通过泥浆池制备好后才能进入井孔内。

在钻井中做好班报表的记录和岩性描述。准确记录岩性变化的位置，在钻井中应根据地层的变化随时取样，根据取出的岩样记录描述地层情况。每 5 m 至少取样一次，地层变化时要及时在变化地点处取样，所取的岩样要用土样袋编号备查。取样的深度和编号在班报表中应及时记录，不得钻井后再补记。

终孔的确定。根据钻井取样的实际情况，合理确定终孔位置。设计时有井深，但准确的终孔深度要根据钻井的实际情况确定，不能完全机械地按设计确定孔深，一般设计提供的井深是大致控制的深度。

3）下管

下管前的检查。在监理人员在场的情况下，共同检测井深、井孔直径、井的垂直度，核对地层岩性，捞净井内岩渣。

换浆。将井孔内原有的泥浆换成较稀的泥浆，新换泥浆一般不能大于 20 s，最好使用 18 s 泥浆。

进行电测井。根据电测井解析的地层资料与原记录的地层资料进行对比，确定取水层和非取水层的具体深度。

排定井壁管与花管的具体位置。根据前面确定的层位，排定井壁管与花管的具体位置，将排好的管材按顺序排列好，按顺序编号。排管时在井底部留有 5 m 的沉滤管。排管前应再次逐根管检查管材和滤管的质量，不合格的井管和花管不能下入井中，沉滤管底部应用钢板焊死。

井管焊接。焊接井管是保证井质量的重要工序之一，主要是控制好焊接的垂直度和焊缝。垂直度的控制，以确保在两个相互成 90° 的方向上用吊线法检测，上下两节管在一条直线上时先用点焊方法固定，再沿两管的接缝完全焊牢，焊缝要求平顺，不得有焊瘤、气孔等现象。管与管的焊接必须完全焊住，不得用点焊法代替。

扶正器的安装。一般 120 m 井安装 4 组，200～250 m 井安装 8 组。扶正器除在井口、入井底处各设一组外，其余的应均匀分布在井中。扶正器采用环形铁制，外环直径不得小于设计孔径。扶正器亦应焊接牢靠，也要采用连续焊接的方法，不得用点焊法代替。

井管悬吊于井孔中。井管全部焊接完成后，为保证井管的垂度，井管应悬吊于井孔中，井管底部距井孔底部应有 30 cm 左右的空间。

核实井管实际长度。井管全部焊接完成并悬吊于井孔中后，从井管中测量井管的实际长度与原定的安装图作最后的核实。

4）滤料回填

滤料回填前应认真检查滤料是否符合要求，达不到要求的滤料不能回填。

滤料回填只能用人工进行，沿环形间隙慢速均匀回填，不得使用桶、车等器物向井内倾倒。

做好回填记录。回填时以 2 m³ 为一个单位，每填完 2 m³ 应测量滤料上升高度，并做好测量记录，当发现滤料上升高度超过预计高度时，说明滤料回填不实，应及时处理。当处理后的检测深度达到预计深度以下时，应记录此时的滤料高度，再进行下一个单位（2 m³）的回填。此记录要求一直延续到井口，中间不得间断，回填记录必须在现场实时记录，不得追记。

5）洗井

洗井前应先抽清孔内泥浆后再用活塞洗井。

洗井以采用活塞洗井方法为主，孔压机、抽桶等作为清理孔内残渣的工具。

洗井用的活塞应是专用的洗井活塞，组数不得少于三组。活塞胶皮外径可小于井管内径 5～10 mm，洗井时应经常检查活塞胶皮外径，当外径被磨损后，应及时更换胶皮，以保证洗井效果。

活塞洗井时应从上至下在花管处每 5 m 左右作为一个洗井段，逐段清洗，每洗完一段后即用孔压机或抽桶清理孔内残渣。活塞洗井时，活塞向上拉动的速度不应小于 1 m/s，以保证活塞洗井的效果，每段必须达到水清砂净。

做好洗井记录。在洗井阶段的各个环节，包括清理泥浆、换活塞胶皮、每段洗井的开始时间和结束时间、孔压机的清孔时间等都应实时记录，要注意每个工序都应记录当时开始和终了的时间，不得补记。

活塞洗井时间一般井不应少于 4 个台班，大于 200 m 深的井不应少于 8 个台班。

6）试验抽水

试验抽水延续时间不少于 6 个台班。

抽水所用水泵应与该井的设计流量相互一致。

做好试抽水记录。包括开始抽水时的静水位埋深、水泵型号、开始抽水时间、实测的出水量，抽水每隔 1 h 测量并记录动水位，抽水停止时的动水位等。

7）水质检测

试验抽水终止前，用取水样瓶取水样 1 kg，送交有资质的检测单位进行水质检测分析。

8）含沙量检测

水泵抽水 30 min 时取水样 30 kg，静置后将沉淀下来的泥沙用滤纸分离出来，烘干或晒干后用天平测量泥沙重量，泥沙重量与水的重量比即为含沙量；中、细砂含水层的含沙量不超过 1/20 000 者为合格，粗砂、砾石、卵石含水层的含沙量不超过 1/50 000 者为合格。

9）检测验收

机井是隐蔽工程，在检测验收时应在施工阶段加以验收。在不同阶段时，监理人员根据施工的情况和机组所提供的资料进行检测验收，并如实填写机井检测验收表。验收主要内容如下：①井位、井深和井径符合设计要求；②试验抽水时，管井出水量应与设计相符，如水文地质条件与原设计不符时，可按修改后的设计验收；③井水含砂量符合设计要求，水质符合用水标准；④井底沉淀物厚度，应小于井深的 5/1 000；⑤管井轴线垂直度，应不超过 1。

4.2.5　大口井

1. 大口井的形式与构造

大口井也称为宽井，是开采浅层地下水的一种主要取水构筑物。大口井井深一般不超过 15 m，井径根据水量、抽水设备布置和施工条件等因素确定，井径的范围是 2～12 m，一般常用为 5～8 m，不宜超过 10 m。地下水埋藏一般在 10 m 内，含水层厚度一般在 5～15 m，适用于任何砂、卵、砾石层，渗透系数最好在 20 m/d 以上，单井出水量一般 500～10 000 m³/d，最大为 20 000～30 000 m³/d。在西藏地区，尤其是北部区域，大口井十分广泛，是主要的地下水取水构筑物，考虑在西藏地区地下水位较高的地区，设置保暖房，大口井的井径通常设计为 1～2 m，井深不超过 20 m，并建立 5 m² 左右的保暖房。

大口井构造简单，取材容易，施工方便，使用年限长，容积大能起水量调节作用；但深度较浅，对水位变化适应性差。

大口井按取水方式可分为完整井和非完整井，完整井井底不能进水，井壁进水容易堵塞，非完整井井底能够进水。完整井只有井壁进水，适用于颗粒粗、厚度薄（5～8 m）、埋深浅的含水层。这种形式的大口井，井壁进水孔易堵塞，影响进水效果，应用不多。含水层厚度较大（大于 10 m）时，应做成不完整大口井，其末端贯穿整个含水层，井壁、井底均可进水，具有进水范围大、集水效果好等优点。

按几何形状可分为圆筒和截头圆锥形两种。圆筒形大口井制作简单，下沉时受力均匀，不易发生倾斜，即使倾斜后也易校正，截头圆锥形大口井具有下沉时摩擦力小、易于下沉、下沉后受力情况复杂、容易倾斜、倾斜后不易校正的特点。一般来说，在地层较稳定的地区，应尽量选用圆筒形大口井。

小型大口井构造简单、施工简便易行、取材方便，在农村及小城镇供水中应用广泛，在城市与工业、企业取水工程中多用大型大口井。

大口井主要由井口、井筒及进水三部分构成，见图 4.6。

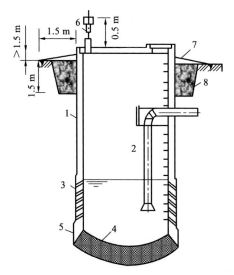

1—井筒；2—吸水管；3—井壁进水孔；
4—井底反滤层；5—刃脚；6—通风管；
7—排水坡；8—黏土层

图 4.6　大口井的基本构造

1）井口

大口井地表以上的部分是井口，其主要作用是防止洪水、污水以及杂物进入井内。井口一般要求高出地面 0.5 m 以上，并在井口周边修建宽度为 1.5 m 的排水坡，以避免地面污水从井口或沿井壁侵入，污染地下水。如覆盖层系透水层，排水坡下面还应填以厚度不小于 1.5 m 的夯实黏土层。井口以上部分可与泵站合建，工艺布置要求与一般泵站相同；也可以与泵站分建，只设井盖，井盖上设有人孔和通风管。

2）井筒

进水部分以上的一段是井筒，又称旱筒。井筒通常用钢筋混凝土浇筑或用砖、块石砌筑而成，用以加固井壁和隔离不良水质的含水层。钢筋混凝土井筒最下端应设置刃脚，用以在井筒下沉时切削土层，刃脚外缘凸出井筒 5～10 cm。采用砖石结构的井筒和进水孔井壁、透水井壁，也需要用钢筋混凝土刃脚，刃脚高度不小于 1.2 m。刃脚通常在现场浇筑而成。

井筒的外形通常呈圆筒形、截头圆锥形、阶梯圆筒形等。圆筒形井筒的优点有：在施工中易于保证垂直下沉；受力条件好、节省材料；对周围土层扰动程度较轻，有利于进水。单圆筒形井筒紧贴土层，下沉摩擦力较大。截头圆锥形井筒的优点是下沉摩擦力下，井底面积大，进水条件好。但截头圆锥形井筒存在较大的缺点：在下沉过程中易于倾斜；井筒倾斜及周围土层的塌陷对井壁产生不均匀的侧压力，受力条件差，费材料，对周围土层扰动较为严重，影响井壁、井底进水；对施工技术要求较高，如遇施工事故拖延工期，将增加工程造价，甚至会遗留严重质量问题。

3）进水部分

进水部分包括井壁进水和井底反滤层。井壁进水是在井壁上做成水平的或倾斜的直径为 100～200 mm 的圆形进水孔，或 100 mm×150 mm～200 mm×250 mm 的方形进水孔，孔隙率为 15% 左右，孔内装填一定级配的滤料层，孔的两侧设置钢丝网，以防滤料漏失。

进水孔中滤料一般为 1～3 层，总厚度不应小于 25 cm，与含水层相邻一层的滤料粒径，按以下公式计算：

$$\frac{D}{d_i} \geqslant 7 \sim 8 \qquad (4.10)$$

式中：D——与含水层相邻一层滤料粒径，mm；

d_i——含水层计算粒径，mm。当含水层为细砂或粉砂时，$d_i = d_{40}$；中砂时，$d_i = d_{30}$；粗砂时，$d_i = d_{20}$。

相邻滤料之间的粒径比值，一般是上一层为下一层的 2～4 倍。

井壁进水也可以利用无砂混凝土制成的透水井壁。无砂混凝土大口井制作方便，结构简单，造价低，但在粉细砂层和含铁地下水中易堵塞。

从井底进水时，除大颗粒岩石及裂隙岩含水层以外，在一般砂质含水层中，为了防止含水层中的细小砂粒随水流进入井内，保持含水层渗透稳定性，应在井底铺设反滤层。反滤层一般为 3～4 层，并宜呈弧面形，粒径自下而上逐层增大，每层厚度一般为 200～300 mm。当含水层为细、粉砂时，应增至 4～5 层，总厚度为 0.7～

1.2 m；当含水层为粗颗粒时，可设两层，总厚度为 0.4～0.6 m。井底反滤层滤料级配与井壁井水孔相同或参照表 4.4 选用。

表 4.4　井底反滤层滤料级配　　　（单位：mm）

含水层类别	第一层		第二层		第三层		第四层	
	滤料粒径	厚度	滤料粒径	厚度	滤料粒径	厚度	滤料粒径	厚度
细砂	1～2	300	3～6	300	10～20	200	60～80	200
中砂	2～4	300	10～20	200	50～80	200		
粗砂	4～8	200	20～30	200	60～100	200		
极粗砂	8～15	150	30～40	200	100～150	200		
砂砾石	15～30	200	50～150	200				

2. 大口井的水力计算

大口井出水量可以用理论公式和经验公式计算，经验法与机井相似。因大口井有井壁、井底或井壁井底同时进水，所以大口井出水量计算不仅随水文地质条件而异，还与进水方式有关。参考相关的文献（魏清顺 等，2016；杜茂安和韩洪军，2006），总结如下。

1）完整大口井

按完整机井出水量公式计算。

2）井底进水

非完整大口井可以从井底进水，对于潜水含水层，当井底至不透水层的距离大于等于井半径，即 $T \geq r$ 时，见图 4.7。

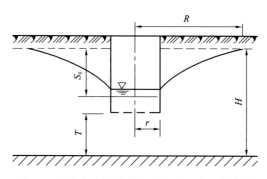

图 4.7　潜水含水层中井底进水大口井计算简图

采用以下公式计算：

$$Q = \frac{2\pi K S_0 r}{\dfrac{\pi}{2} + \dfrac{r}{T}\left(1 + 1.185 \lg \dfrac{R}{4H}\right)} \tag{4.11}$$

式中：Q——单井出水量，m^3/d；

　　　S_0——对应出水量时，井的水位降落值，m；

　　　K——渗透系数，m/d；

　　　R——影响半径，m；

　　　H——含水层厚度，m；

　　　T——井底至不透水层的距离，m；

　　　r——井的半径，m。

当含水层很厚（$T \geqslant 8r$）时，可用式（4.12）计算：

$$Q = AKS_0 r \tag{4.12}$$

式中：A——系数，当井底为平底时，$A=4$；当井底为球形时，$A=2\pi$；

　　　其余符号意义同前。

对于承压含水层，井底进水大口井计算简图见图 4-8。

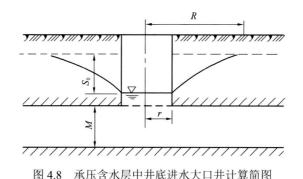

图 4.8　承压含水层中井底进水大口井计算简图

当承压含水层厚度大于等于井的半径，即 $m \geqslant r$ 时，可按下式计算：

$$Q = \frac{2\pi K S_0 r}{\dfrac{\pi}{2} + \dfrac{r}{M}\left(1 + 1.185 \lg \dfrac{R}{4M}\right)} \tag{4.13}$$

式中：M——承压含水层厚度，m；

　　　其他符号意义同前。

当含水层很厚（$M \geqslant 8r$）时，可以采用公式（4.12）计算。

3）井底与井壁同时进水

对于井底与井壁同时进水的大口井出水量的计算，可用分段解法。潜水含水层的出水量可认为是无压含水层中的井壁出水量和承压含水层中的井底出水量总和，见图4.9。

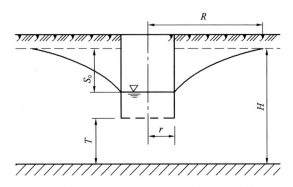

图 4.9　潜水含水层中井底与井壁进水的大口井计算简图

可采用以下公式计算：

$$Q = \pi K S_0 \left[\frac{2h - S_0}{2.3 \lg \dfrac{R}{r}} + \frac{2r}{\dfrac{\pi}{2} + \dfrac{r}{T}\left(1 + 1.182 \lg \dfrac{R}{4H}\right)} \right] \tag{4.14}$$

式中：各符号意义同前。

3. 大口井进水流速校核

在确定大口井尺寸、进水部分构造及完成出水量计算之后，应校核大口井进水部分的进水流速。井壁和井底的进水流速都不宜过大，以保持滤料层的渗流稳定性，防治涌砂。井壁进水孔（水平孔）的允许进水流速校核和机井过滤器相同。

对于重力滤料层（斜形孔、井底反滤层），其允许水流速度按以下公式计算：

$$v_f = \alpha \beta K (1 - \rho)(\gamma - 1) \tag{4.15}$$

式中：v_f——允许进水流速，m/s；

α——安全系数，其值通常取 0.7；

β——进水流向与垂直之间的夹角 φ 有关的经验系数，见表 4.5；

K——滤料层的渗透系数，m/d，见表 4.6；

ρ——滤料层的孔隙率，%，粒径 $d > 0.05$ mm 时，$\rho = 20\%$ 左右；

γ——滤料层的比重，砂、砾石为 2.65。

表 4.5　β 经验系数取值

φ	0°	10°	20°	30°	40°	45°	60°
β	1	0.97	0.87	0.79	0.63	0.53	0.38

表 4.6　滤料层渗透系数取值

滤料粒径 d / mm	0.5～1.0	1～2	2～3	3～5	5～7
K /（m/d）	0.002	0.008	0.02	0.03	0.039

4. 大口井的设计要点

（1）大口井应选在地下水补给丰富、含水层透水性好、埋藏浅的地段。

（2）适当增加井径可增加水井出水量，在出水量不变的条件下，可减少水位降落值，降低取水电耗；还能降低进水流速，延长大口井的使用期。

（3）计算井的出水量和确定水泵的安装高度时，均应以枯水期最低设计水位为准，抽水试验也应在枯水期进行。

（4）布置在岸边或河漫滩的大口井，应该考虑含水层堵塞引起出水量的降低。

4.3　供水管网

4.3.1　城市管网延伸

1. "城市管网延伸"模式

城市供水系统比较发达，取水设施建设、水处理技术和运营管理水平比较高，在实现城乡统筹供水系统建设时，可考虑将城市供水系统管网向附近农村地区延伸，充分利用城市供水系统的供给能力，在提供城市生产生活用水的同时，满足周边一定范围内的农村用水需求，这种城乡统筹供水方式称为"城市水源水厂，管网直接到户"模式，在部分文献中，这种模式又称为"城市管网延伸模式"（杨冰，2016）。

"城市管网延伸"模式是城市供水系统规模的简单扩大，该模式下，原有城市供水系统输配水管网向农村延伸，而取水设施、水处理厂等均来自原有城市供水系统。显然，"城市管网延伸"模式是对城市供水系统富余生产能力的有效利用。在该模式下，原农村供水系统的取水设施和水处理厂一般停止使用。同时，根据原农村供水系统管网的实际状况差异区别对待,对于布局合理、材质良好、管径合适的,予以全部或部分采用;对于达不到城乡统筹供水要求的农村原有管网,废弃不用。

2. "城市管网延伸"模式的优势与不足

"城市管网延伸"模式通过管网的简单延伸,即可实现向农村供水的目标,在系统建设、运营管理方面比较简单,对于改善农村地区的供水条件效果较为明显。该模式不涉及开辟新水源、建设新取水设施和水处理厂,是对既有城市供水系统的扩建,同新建供水系统或整合城乡供水系统相比,工程量相对较小,而且系统的复杂性不会大幅度提升,对调度管理的影响也比较有限。同时,该模式是对城市供水系统的充分利用,农村地区的用户可以获得到城市供水系统管理机构在水处理技术、调度管理经验等方面的直接服务,有望享受到城乡"同网同质"的服务,这对于改善农村供水条件大有裨益。

虽然"城市管网延伸"模式有这些优势,但是该模式存在的供水规模受限的问题很突出。该模式是对城市供水系统的充分利用,系统向农村供水的规模取决于原有系统的富余供给能力,这个富余供给能力取决于水源可取水量、水处理设施处理能力、管网管径、系统可提供压力水平和城市用水规模等因素。

在城市用水规模日益扩大的背景下,该模式的使用范围将受到很大限制。同时,在该模式下,农村用户往往位于管网的末梢,距离水厂和泵站的距离比较远,在清水的输送过程中,水质、水压存在一定的损失。对此类用户而言,面临着更大的水质、水压风险。

4.3.2 管道自流输水

管道重力流输水具有省电、节能、投资省、成本低、运行管理简单、方便等优点,从实践来看,它仍不失为一种理想的供水方式。只要有条件,应尽量采用重力流输水。自流输水又称重力输水。无压管渠借管底坡度以重力流方式输水。适用于水源位置高于水厂(或给水区),例如自水库取水,可根据地形和地质条件,采用重力管(渠)输水。当用水渠输水时,又有敞开的明渠和有顶盖的暗渠之分(张生财,2014;李晓燕,2012;杨福记和冯庆昌,2003)。

1. 重力流输水的分类

给水工程中采用的重力流输水,从水力学的角度上分为两大类:一类是无压流输水,可为明渠或暗涵;另一类是承压流输水,一般为暗管(涵)。无压流输水,在流态上与天然河流无异。水顺地势，或缓或急地向下游流去，没有压力，地形坡度有多大，水流的坡度也就有多大。这种无压给水渠道的末端往往与水池、水库或吸水井等构筑物相连。

承压重力流输水不同于天然河水的流动，也不同于用水泵加压的压力输送。水在涵管里流动时，由无压水变成有压力，其压力随着输送水的距离增加而增大。承压输水管的末端既有动水压力，也有静水压。在水力坡降等于地形坡降时，动水压力为零；在停止输水，输水管内又充满水的时候，管末端的静水压最大，其值等于地形高差。这种承压重力流输送的水，在具有一定的动水压力时，可直接进入供水管网或水厂内的水处理构筑物。

2. 重力流输水的特点

不管是无压流还是承压流，作为重力流输水，它们都是借助地形高差来完成输送水的任务。它与用水泵加压输水相比，有以下特点。

（1）重力流输水受地形的约束比较大，只有在具有一定的地形高差，地貌情况也比较好的时候，才能考虑采用重力流输水。

（2）采用重力流输水要同时考虑地形坡降和水力坡降，而用水泵加压输水的管道则可以不考虑地形坡降。

（3）承压重力流输水管的末端存在静水压，如静水压过大，超过管子能承受的压力，会引起爆管，直接影响供水管网的安全。

（4）重力流输水时，流量和水压力的调节幅度比较小，这是因为水位高差是重力流输送水的动力来源，在取水口位置、厂址、工艺流程、输水管径、长度等确定之后，相对的水位差也就基本固定下来，就是有变化，其变化幅度也比较小。因此，输送水的流量、压力的调节幅度也比较小。

（5）重力流输水管道与泵加压的输水管道（或供水管网）相连接时，存在着水压力匹配问题，只有在双方动水压力相同时，管道输水才能正常进行。

3. 采用重力流输水应特别注意的一些问题

1）确保取水口工作水位，且水处理构筑物宜低水头运行

由于自然水位差是水厂正常运行的保证，在设计水厂内工艺流程时，一定要经过详细的水力计算，量体裁衣，在留有余地的前提下，其各构筑物的总水头损失不应大于自然水位差。一般宜选择水头损失较小的工艺流程：新建电站的尾水→穿孔旋流反应斜管沉淀池→虹吸过滤池（消毒）清水池→输水管。

2）输水管宜采用变压力承压管，顺坡敷设

对于承压重力流输水，水对输水管的压力是从零开始逐渐增加的，输水管的开始一段用水压力比较小，就可以采用承压小的输水管，以节省工程造价。随着水压力的增大，可相应采用承压较大的输水管。

3）水厂宜采用均匀供水

由于重力流输水的水量和压力的调节幅度比较小，不允许供水量和水压值大起大落，在正常运行时，重力流水厂宜采用均匀供水，这样便于水厂运行管理，运行成本也比较低。

4）输水管道宜设限流装置

在供水管网发生爆管，某一管段需要抢修的时候，在夏季高峰供水之时，在冬季供水萧条之时等，都属于非正常供水状态。在这种情况下，往往是县城用水量和水压力大起大落，作为均匀供水的重力流输水管道也就不能均匀供水了。在管网压力很低、输水水位差很大的时候，重力流输水管道会因流量过大，发生短时间内被抽空的事故；而在管网用水量很小时，重力流输水管内流量也很小，会因静水头过大，危及管网的安全。因此，很有必要在重力流输水管道上安装限流装置。对于无压重力流输水系统，限流装置就是调节水池，它既起调节水量的作用，也起调节水压的作用。对于承压重力流输水系统，就是在管道上安装限流阀。限流阀的限流范围，以县城正常供水时所允许的最低水压和最高水压作为限流阀的上下控制限。

4.3.3　管道加压输水

加压输水是指用承压管道以压力流方式输水，适用于水源地地形低水厂（或给水区）的情况，根据地形高差、管线长度和管道承压能力等具体情况，可能在中途设置加压泵站。以下介绍长距离加压输水工程、水锤防护措施、超压泄压阀、箱式双向调压塔等内容（胡建永 等，2013；蒋任飞，2004；白丹，1996）。

1. 长距离加压输水工程

为了解决水资源分布不均的问题，很多城市采用长距离输水的方式来满足城市建设的需要。在长距离加压输水管线的运行中，停泵水锤对管道的危害极大，尤其是断流弥合水锤。断流弥合水锤升压很大，根据有关理论计算，排气不畅引起气爆压力最高可达 20～40 bar（1 bar=105 Pa），足以破坏任何供水管道。

选用的工程实例比较特殊，管线全长为 8.3 km，为长距离加压输水工程；总落差为 72.12 m，且沿线起伏较多；管径为 1.2 m，属大管径；泵站总扬程为 79 m；管道首末端高程高，而中间高程低。停泵水锤这一水力过渡过程是由降压波开始的，并从首端开始传至末端，在降压过程中极易出现首末端多处水柱中断现象，管线中间起伏大且多，进而可能引发全管线断流再弥合水锤，这类水锤的防护难度较大。

2．水锤防护措施

随着我国及国外水锤防护技术的发展，解决水柱分离升压问题，所使用的防护措施有多种，通常使用的水锤防护措施大致可分为以下三种类型：在水泵出口安装具有缓闭功能的止回阀；按规范规定的排气要求，安装排气阀，防断流弥合水锤；在水泵出口的汇水总管处及管线重要部位，如易断流的高点，安装具有超压泄压或防断流功能的设备，如超压泄压阀，单、双向调压塔，箱式双向调压塔，气压罐等。通常单、双向调压塔受地形限制且造价高、空气罐维护成本高。

各类阀门的构造形式很多，如缓闭止回阀类型有十多种，是否都可用，各类阀门的优缺点，水锤防护效果如何，性能参数是否真实合理，都应加以分析研究，才更有利于压力管道安全运行和水锤防护。

针对特殊的长距离、高扬程、多起伏、大管径且管道首末端高中间低的输水工程，采用水泵出口处安装缓闭止回阀，管线每隔 0.8～1 km 设置一个缓冲排气阀的情况下，在管线特殊部位安装箱式双向调压塔或者超压泄压阀的措施进行防护。

3．超压泄压阀

超压泄压阀是一类新型的水力自动控制阀门，其原理是管道运行，管道瞬时压力超过泄压值时，阀门打开泄水；管道瞬时压力低于泄压值时，阀门自动关闭。超压泄压阀释放压力应大于或等于最大正常使用压力叠加 0.15～0.2 MPa。

超压泄压阀一般安装在泵站出口汇总管起端，在输水管道中间设置超压泄压阀时，应经水锤分析计算后确定其位置，其直径一般为所安装主管道直径的 1/5～1/4。实际工程中使用先导式超压泄压阀较多，该阀容易产生泄压动作滞后，当水锤升压过快时，通常失去快速泄压的作用。因此，在选用时要判断水锤类型为快速型，如需使用，应对先导式超压泄压阀进行分析和测试，以确保消除滞动作或拒动作的可能。超压泄压阀只能泄压，在管道断流时不能补水从而发生防断流弥合水锤。管道运行安全得不到很好的保障。

4．箱式双向调压塔

箱式双向调压塔采用上下不等面积活塞增压原理，形成压差，使管道发生意外水锤高压时,释放超高压力;当管道出现负压时,可向管道注水,对系统起稳压作用或消减断流弥合水锤。箱式双向调压塔为活塞直接动作,无外导管、先导阀等辅助动作装置,动作灵敏,反应迅速,结构简单,故障率低,防水锤效果较好。

箱式双向调压塔一般装设于泵站汇水总管,或输水管道易发生水柱中断的高点或折点处,调压塔的高度一般为 2~5 m,其泄压值一般为"最大使用压力 0.1~0.15 MPa"。

该产品解决了普通双向调压塔塔体较高、易受地质条件限制且成本高等问题,同时又能够快速反应,消除断流弥合水锤带来的压力不稳问题,从而保护管道安全稳定运行。

超压泄压阀不适用于管线起伏较多、可能产生断流弥合水锤的压力输水管道的水锤防护,不能较好地解决断流弥合水锤带来的升压问题;双向调压塔则弥补了超压泄压阀的缺点,能够较好地消除这种特殊的长距离、高扬程、大管径、多起伏且两端高中间低的管道中产生的断流弥合水锤危害,通过高压泄水与低压注水,能够很好地消除断流再弥合水锤。

4.4　终 端 供 水

4.4.1　自来水防冻

1. 自来水防冻问题

与其他地区相比,寒冷地区农村供水工程与设施面临着一些普遍问题。农牧区的农村饮水供水管道在遇到极端低温气候（外界环境平均温度低于 0℃）时,如无相应的防冻保暖包扎或采取其他应急措施,极易结冰。同时,夜间平均气温更低,加之供水管道内的水由于少人使用,缺乏流动性,更成为供水管道冻结的多发时段,出现居民住户一觉醒来却发现无水可用的窘境。

自来水防冻问题一直困扰着我们,近百年来除了将自来水管深埋地下利用地温来防冻之外还没有更好的办法。但对于裸露在地面上的管路以及水龙头怎么防冻,是难以有效解决的问题,尤其是在西藏的大部分地区,冬季温度昼夜温差大,许多地区晚上的温度降至零下,一旦自来水管结冰,往往会造成水管冻裂,水资源大量浪费,给用水户造成困难,而且维修成本高,浪费了大量的人力物力。在西藏地区,一般的给水管网都是埋藏在冻土层以下,因此,主要输水管道不会轻易结冰冻裂,主要是在用水户水表或背水台集中供水处的水龙头处结冰。

2．用户水龙头及水表防冻措施

西藏地区的一些农牧民将水龙头接入到户内，而户内都有取暖设施，在一般情况下，安装在户内的水龙头和水表不会发生冻冰损坏现象。

西藏地区部分农牧民的水龙头安装在庭院内，存在水龙头和水表冬季可能会出现冻冰危害，需要采取防冻措施。主要有以下几种方法（丁昆仑 等，2013）。

（1）水龙头立管与地下配水管相连处设置阀门井，阀门井内设置放空阀，在晚上或每次取用水后，关闭进水阀门，打开泄水阀，将水表及立管内的水放空，防止水龙头及立管内冻冰。阀门井深度一般在 1.5 m 左右。

（2）在农户院子里设置阀门井，阀门井内设置控制阀门及水表，水表后面接柔性取水管及水龙头，水龙头上系一根绳子。取用水时，将水龙头及柔性水管拉出放水，用水后将水龙头及柔性水管放入阀门井内，并用盖子盖上，可以防止冰冻损害。

（3）对于不是特别寒冷的地区，应对冰雪天气时，水表和水管裸露在外的防冻，可用棉质、发泡塑料等保温材料包裹，在外层还应包裹防风防水材料，如塑料膜、复合锡箔扎带等，这些材料可以在建材市场买到。注意不要忽略水管的弯头、接头、闸阀等处。但对于特别寒冷的地区，这种办法可能达不到防冻效果。

（4）为便于管理，一些地方将几户的水表集中安装，即将水表安装在地下阀门井内，起到防冻作用。阀门井深度不小于最大冻深，阀门井内应保持干燥、不漏水。另外，也可就地取材，采用保温效果好的干草、秸秆、袋装锯末、泡沫塑料等填充阀门井，增加保温防冻效果。

（5）在水源丰富，自流供水，自流排水条件良好，集中供水点水龙头安装在村外的情况下，也可稍稍拧开水龙头，保持水管内的水流动（"长流水"），防止冬季冻住。这种情况在极少数的偏远地区有采用，但一般情况下难于采用。

4.4.2　供水计量

1．基本概况

对农村供水工程的取用水量进行计量是贯彻落实有关法律法规的需要，是实行最严格水资源管理制度的需要，也是保障农村供水工程良性运行的需要。

农村供水工程包括集中式供水工程和分散式供水工程，其中集中式供水工程，按供水规模，可分为两类，见表 4.7（中国水利学会，2018）。西藏自治区供水类型主要是以集中式供水工程（千吨万人以下供水工程）与分散式供水工程为主。在积极推进农村供水规模化发展方面，较其他省份相对落后。在供水计量方面推进较慢。

表 4.7 农村供水工程分类表

工程类型		分类标准
集中式供水工程	千吨万人供水工程	设计供水规模≥1 000 m³/d 或设计供水人口≥1 万人
	集中式供水工程（千吨万人以下供水工程）	设计供水规模<1 000 m³/d 且供水人口<1 万人，设计供水人口≥20 人
分散式供水工程		设计供水人口<20 人

　　农村供水的计量主要是在进厂水（取水）、出厂水和用水户处对水量的计量。农村供水工程取水水源水质一般符合《地表水环境质量标准》（GB 3838－2002）或《地下水质量标准》（GB/T 14848—2017）；农村供水工程出厂水、用水户水龙头水（管网末梢水）水质达到《生活饮用水卫生标准》（GB 5749—2006）的要求。一般情况下，农村供水工程取水、出厂水和用水户水龙头水属于导电的清洁液体，水温为常温，pH 约 6.5～8.5。流速为 0.6～2.0 m/s，工程主管道管径一般小于500 mm，入户管道管径一般为 15 mm 和 20 mm，管材主要包括球磨铸铁管、PE 管、U-PVC 管、PP 管和镀锌钢管等（宋卫坤 等，2018）。

　　对农村供水工程的取用水量进行计量是贯彻落实《中华人民共和国水法》《取水许可和水资源费征收管理条例》《取水许可管理办法》（水利部 2008 年第 34 号令）等有关法律法规的需要，是实行最严格水资源管理制度的需要，也是保障农村供水工程良性运行的需要。对农村供水工程进厂水、出厂水和用水户水量进行计量，不但可以为工程经济核算和管网漏损的诊断提供依据，还有利于提高农村供水调度的管理水平，提高供水安全，降低生产成本，从而促进工程良性运行。农村供水工程计量收费是农村供水工程运行管理的重要内容。

2. 计量设备技术经济性分析

　　农村供水工程进出厂水计量设备主要有超声波流量计、电磁流量计等，用水户水计量设备主要有机械式水表、IC 卡智能水表、远传水表等。农村供水工程常用计量设备技术经济性综合比较见表 4.8（宋卫坤 等，2018）。

表 4.8 农村供水工程常用计量设备综合比较

设备	设备类型	价格/元	优点	缺点	计量经度
进出厂计量设备	电磁流量计	3 000～10 000（DN80.500）	流量范围大，不会产生压力损失	安装与调试复杂	0.5%
	超声波流量计	2 000～8 000	管径范围大，不会产生压力损失，安装方便	抗干扰能力差；管道结垢，会严重影响测量准确度	0.5%～1.0%

续表

设备	设备类型	价格/元	优点	缺点	计量经度
用水户计量设备	机械式水表	50～100	价格低廉，经济耐用	抄表不方便；水表长时间使用容易出现计量不精准	
	IC 卡智能水表	300～500	不需上门抄表；欠费自动断水，杜绝用水户拖欠水费的现象	成本高，不能动态观察用水户用水情况	低区 5% 高区 2%
	远转水表	150～200	抄表不入户；可时时监控用水户的用水情况，时时对表进行操作	成本较高，稳定性差，难以适用恶劣环境	

对于进出厂水的计量，如果是新建工程，选择安装电磁流量计或者超声波流量计都可以，电磁流量计精度较超声波流量计高，价格也稍贵些。如果已有工程补装计量设备，则建议选择超声波流量计。无论是插入式超声波流量计还是外夹式超声波流量计的安装，都可以做到不断流安装，安装比较方便。对于用水户水计量，则根据当地经济条件、收费管理方式、用水户意愿等，选择安装机械式水表或者 IC 卡预付费水表，北方地区还需要考虑水表防冻问题。

3. 供水计量的对策与建议

现场调研发现，有部分地区农村供水工程虽然安装了计量设备，但是由于种种原因还是固定按人或者按户收费，甚至不收费的情况。总体而言，农村经济条件好，农村供水工程管理好，水资源匮乏，用水户缴费用水意愿高的地区，以及供水规模越大的农村供水工程计量设备安装率越高，计量收费实施较好。"十三五"期间，全国开始实施农村饮水安全巩固提升工程，实行地方负责制。因此，建议西藏自治区各县（区）从以下几个方面做好农村供水工程计量工作，以促进工程的良性运行。

1）多途径大力推行计量收费，进一步提升计量设备安装率

抓好"十三五"农村饮水安全巩固提升的新机遇，将计量设备安装作为农村饮水安全巩固提升工程实施的一项重要内容。建立健全农村供水工程计量收费的规章制度，规范完善计量收费工作机制。各级水行政主管部门要充分利用各种新闻媒体，采取多种形式广泛开展宣传，使人们进一步认识到用水缴费、计量收费是推进计划用水和节约用水的前提和基础，是实现水资源可持续利用的重要手段，从而不断地提高取用水计量的认识。对于新建农村供水工程，必须安装进出厂水和用水户水计量设备，实行计量收费。对于已建工程，查漏补缺，优先实现千吨万人以上供水工程进出厂水和用水户水全部安装计量设备，全部实现计量收费；再逐

步提升 IV 型及以下农村供水工程计量设备安装率和计量收费率。此外,建议将农村供水工程进出厂水量计量、用水户水量计量落实情况纳入农村饮水安全巩固提升工作考核体系。

2)规范计量设备的安装和使用,保障计量精度

根据工作环境条件、流量范围,在经济条件允许的情况下,选择适宜的计量设备类型。经济方面除考虑计量设备购买费用和安装调试费用外,还需要考虑运行维护费用和定期检定/校准等费用。同时农村供水工程的水量计量涉及管网漏损以及计量收费的问题,计量设备的精度也是一个重要因素,因此,在考虑费用的同时需要兼顾计量精度。综合考虑计量设备的计量精度、安装使用条件、设备购买费用、运行维护费用等因素,在农村供水工程进出厂水的水量计量中,目前电磁流量计和时差法超声波流量计是最合适的。在用水户水计量设备方面,各地可根据需求选择机械式水表或者 IC 卡智能水表。除了要考虑计量设备的安装方向、水流动方向、上下游管道状况、阀门位置、管道材质等内容,计量设备安装处周围环境因素如温度、湿度、安全性和电气干扰等,也是很重要的一项考虑内容。农村供水工程进出厂流量计如安装在流量计井内,则最好采用分体式,传感器满足 IP68 的要求,变送器满足 IP65 的要求。流量计井内一般不会有电气干扰,也不会有危险化学物质侵蚀,安全性较好。温度不同地区差异较大,主要考虑为一天早中晚的变化及一年的季节变化。为了保证计量设备的计量精度,需按照相关标准要求,定期进行计量检定、校准。

3)加强计量设备的维护和监管

对于进出厂水计量设备,农村供水管理单位要加强对农村供水工程管理人员进行水量计量设备运行维护方面的培训,提高管理人员素质,确保计量设备的正常运行。对于用水户水计量设备,针对用水户蓄意破坏等情况,制定相应的惩戒措施,加强用水户水计量设备使用情况的监管。

4.4.3 节水措施

农业及农村生活用水矛盾日益突出,加之人口增长,西藏自治区部分地区尤其是北部牧区的地下水位逐年下降,许多浅井水源干涸、无水可抽。一些村庄的供水设备和管网严重老化,不能正常运行。绝大部分村庄没有以户安装水表,不能计量供水,致使相当一部分饮水工程用水浪费,水量损失严重,水费征收困难。运行管理费无法保证,工程更新维修时集体经济薄弱无力投资,群众对集体财产投资又缺乏积极性,导致饮水工程设施缺少更新改造的活力,严重影响和阻碍工

程正常运行与发展。

农村饮水工程是水利工程的重要组成部分,同时又是一项特殊的水利工程。农村饮水工程节水建设与管理,既是建设节水型社会的重要内容,又是一件涉及千家万户的大事,必须提高认识,加强领导,积极推进"一户一表"工程,实行计量用水。按照"计划用水,合理收费,按需保供,优先保供"的原则,切实抓好农村饮水工程的节水建设与管理,使西藏自治区的农村饮水工程走上良性循环、永续利用之路。

1)大力推进实施"一户一表"工程

在西藏条件较为优越的地方,在农村大力推进实施"一户一表"工程,可以节约大量的水资源,减轻农民负担,是农村饮水工程节水建设与管理的基础工程和必由之路。因此,县(区)水利部门要成立相应的管理机构,实行行政领导负责制和工程技术负责制,对全县(区)的农村饮水工程进行全面监督、统一管理、统一调配,较好地解决农村饮水工程中存在的问题。对于现在饮水工程应千方百计地调动当地干部群众的积极性,最大限度地实施"一户一表"工程。对动手早、行动快、节水效果好的村庄可用以奖带助的形式给予一定的扶持。同时,结合农村安全饮水工程的实施,对于今后兴建的农村饮水工程,严格推行"一户一表"制,实行计量用水,大力推进农村饮水工程的节水建设。例如日喀则市江孜县的做法,农牧民安装水表,机井工程供水到户,农牧民积极缴纳水电费,预留一部分作为维修基金,专款专用,效果良好。

2)加强农村饮水工程管理

在实施"一户一表"工程,实行计量取水的同时,要切实加强对农村饮水工程的管理。县(区)水利局管理部门要对乡镇水管站和饮水工程租赁承包者进行统一管理和监督,供水站及租赁承包者在经营管理中必须保证正常供水,必须执行上级批复的水价,必须按月入账大修折旧费,必须按照用水户的需水要求,结合水源情况,工程条件及生产安排等,有计划地合理供水,有效利用水资源,以最小的消耗取得最大的经济效益,充分发挥饮水工程的作用,提高农村饮水工程的管理水平。

3)加大农村节水建设的宣传力度

要充分利用广播电视、报刊、广告、标语等多种形式,抓住农村集会、庙会等有利时机,大力宣传农村节水的重要性和迫切性,增强广大农民的计量用水和计划用水意识,在各县(区)广大农村中形成良好的节水氛围。

第 5 章

西藏农村饮水安全工程建设管理

　　农村饮水安全关系广大农牧民与农村居民的切身利益，是脱贫攻坚、乡村振兴的基础条件之一。实施农村饮水安全工程的重要原则是建管并重，本章在总结现行建设管理体制的基础上，对农村饮水安全工程建设管理存在的问题进行分析与论述，有助于寻找问题的根源，从根源上提高饮水安全工程建设管理水平，对现代化建设管理进行探讨。

5.1　现行建设管理体制

5.1.1　前期工作管理

科学规划是一个工程的基础,为了做好农村饮水安全工程建设规划,成立由水利、发改委、财政、卫生、环保、国土资源部有关部门参加的农村饮水安全工程规划和建设领导小组,切实做好领导和协调工作;吸收专业人员参加项目实施,由水利、卫生等有关方面的专业人员组成调查组、规划编制及专家咨询组;全面推广从前期工作到建后管理的全过程参与式方法,扩大农民群众的参与度,充分听取受益群众的意见,因地制宜地建设饮水工程。根据各乡镇、村居的自然、经济条件和社会发展状况,合理选择饮水工程的类型、规模及标准。既考虑当前的现实可行性,同时兼顾今后长远发展的需要。距城区自来水厂管网较近的农村居民点,尽可能依托已有自来水厂扩建、改建,辐射延伸供水管线;具备集中供水条件,但目前供水设施简陋且饮水不安全的地方,宜新建、改建自来水设施(秦秀红,2004)。

1. 农村饮水安全工程总体规划

1)农村饮水安全工程总体规划的任务

农村饮水安全工程规划(农村供水工程规划)是在相关水利规划和乡镇总体规划的基础上,按照确定的对象和供水范围,根据当地的水源、资金、技术等条件和社会、经济发展的需求,对农村居住区生活用水和工业用水做出一定时期内建设与管理的计划安排。最大限度地保护和合理利用水资源,合理选择水源,进行村镇水源规划和水资源利用平衡工作,确定村镇自来水厂等给水设施的规模、数量等,科学地进行给水设施和给水管网系统布局,满足村镇用户对水量、水质、水压的要求,制定水源和水资源的保护措施。农村供水工程规划分为宏观的区域规划和具体的供水工程规划两个层次(魏清顺 等,2016)。

区域规划包括省级(省、自治区、直辖市和计划单列市)和县级(县级区、市)规划。省级规划以全国规划为指导,由省级水行政主管部门,在汇总县级规划的基础上制定。县级水行政部门负责农村供水工程规划、建设、管理工作,因此,县级农村供水规划是我国农村供水工程建设与管理的基础。区域规划是指导本区域农村供水工作和安排农村供水工程计划的重要依据。其主要内容包括农村供水现状、解决农村供水问题的必要性、规划的指导思想、基本原则和目标任务、总体布局与分区规划、投资估算与资金筹措、工程管理与水源保护、经济和环境影响评价、实施规划的保障措施等。

工程规划是针对具体工程的农村供水规划,其主要内容有需水量预测、确定供水规模、水源选择、确定供水工艺流程和水厂平面布置(或具体的取水工程的平面布置)以及输配水管网系统规划等,要根据水资源综合利用,地方经济的发展水平、资金状况、工程效益等对工程建设分批做出安排。在可行性研究中,对现状的调查要深入、系统、全面;对当地的经济发展水平、人口增长、用水标准的预测,要力求准确;要做好水质分析,合理确定工程规模、建设标准、取水方式、结构形式等;进行技术经济比较,从而做出最合理的规划方案。

农村供水工程规划是十分重要的工作,应在充分收集资料的基础上,根据规划的依据,遵循规划的程序和原则等,拟定规划方案。因此,合理选择基础资料,确定规划依据、规划程序和规划原则,对科学规划具有重要的意义。

2)农村饮水安全工程规划原则

坚持以人为本,全面、协调、可持续的科学发展观,按照全面建设小康社会和建设社会主义新农村的总体要求,紧紧围绕解决农村居民饮水安全问题,加强农村供水工程建设,深化农村供水管理体制改革,强化水源保护、水质检测和社会化服务,建立健全农村饮水安全保障体系,让农民群众能及时、方便地获得足量、安全的饮用水,维护生命健康、提高生活质量、促进农村经济社会可持续发展。

(1)统筹规划

农村供水工程是地区性的水利建设工程,它应以该地区的农业区划、水利规划为依据,并列入地区的国民经济发展计划内,其骨干工程由地方政府水利部分统筹安排基建及日常管理工作。在兴建农村供水工程中,应注意兴利除害,全面治理的原则,有灌有排,并与道路、林带、供电系统,以及居民点规划相结合,有利生产、方便生活,促进流通、繁荣经济,使各项建设合理分布和协调发展。

(2)防治兼顾

水质问题是饮用水安全是主要问题。首先要保护好饮用水源,划定水源保护区,加强水源地保护,防止供水水源受到污染和人为破坏;正确处理生活用水与生产用水的矛盾,优先满足生活用水需要;发动群众做好农村环境卫生综合整治,防止废水、垃圾、粪便等造成水源污染。其次,根据不同水源水质、工程类型等具体情况,在工程建设中采用适宜的水处理措施。建立水质检测、监督体系,确保供水安全。

（3）因地制宜

总体规划阶段要根据当地的自然、社会、经济、水资源等条件以及发展需要，合理选择饮用水水源、工程形式、供水范围和规模、供水方式和水处理措施，做好区域供水工程规划。有条件的地方，提倡适度规划的集中供水、供水到户；制水成本较高地区，实行分质供水。

（4）建管并重

农村供水工程要把建设与管理放在同等重要的位置，克服重建轻管的弊病。进一步完善有关管理办法，加强前期工作，严控项目审批，强化项目建设中的管理。在规划设计、施工建设、运行管理等各个环节，推行用水户全过程参与的工作机制。深化农村供水工程管理体制改革，明晰产权、落实管护责任，按成本确定水价，计量收费，建立良性运行机制。

3）农村饮水安全工程规划的思路

农村供水工程规划按照"统筹规划、防治兼顾、因地制宜、建管并重"的原则，科学规划，合理布局，有效解决水质性缺水、农村集镇、居民聚居点、农村学校等的饮水安全问题。饮水水源要优先考虑水质较好的水库蓄水、河水、山泉水、优质地下水等。有条件的地方尽可能建设集中供水工程；距县城、集镇自来水厂较近的农村居民点，可依托已有自来水厂，进行扩建、改建，辐射延伸供水管线，发展自来水；有良好地下水源条件的地方，可建设集中供水井或分户供水井；在农户居住分散的山丘区，可建设分散式供水工程；严重缺乏淡水资源的地方，可建设雨水集蓄工程；对有可能移民的居民点，修建临时性供水设施。

农村饮水安全工程规划应当合理规划水资源保护设施和饮水安全监测网络建设。规划新建集镇、村镇时应充分考虑供水设施和水源保护，对四周水源紧缺的集镇要限制发展或逐步搬迁。各地在兴办学校、居民点、厂矿等建设项目时，要坚持水资源论证制度，成片规划。

4）规划基础资料

收集地形、气象、水文、水文地质、工程地质等方面的基础资料，并进行综合分析（全国爱国卫生运动委员办公室，2003）。

（1）1:5 000～1:25 000 地形图（根据规划区域），根据地形、地貌、地面标高，考虑取水点、水厂及输配水管的铺设等规划用图。

（2）1:200～1:500 地形图，水厂、净水与取水构筑物等规划用图。

（3）气象资料：根据年降雨量和年最大降雨量判断地表水源的补给来源是否可靠和充足，洪水时取水口、泵站等有无必要采取防洪措施；根据年平均气温、月平均气温、全年最低气温、最大冻土深度等考虑处理构筑物的防冻措施和输配水管道的埋设深度。

（4）地下水水文资料：了解地下水的埋藏深度、含水层厚度、地下水蕴藏量及开采量、补给来源等。

（5）地表水水文资料：根据地表水的流量、最高洪水位、最低洪水位、最低枯水位、冰凌情况等，确定取水口位置、取水构筑物形式及取水量。

（6）土壤性质：用来估算土壤承载能力及透水性能，以便考虑构筑物的结构设计和实施上的可靠性。

（7）水源水质分析资料：包括感官性状、化学、毒理学、细菌等指标的分析结果，用来确定净化工艺和估算制水成本。

（8）水资源的综合利用情况：包括渔业、航运、灌溉等，以便考虑这些因素对水厂的供水量、取水口位置及取水构筑物的影响。

（9）国家、行业和地方的有关法律法规和各类技术规范、规程与标准。

（10）社会经济资料：规划区县（市）的地理位置、面积、所管辖乡（镇）、村（街道委员会）的数量、总人口、农村人口，以及农村饮水不安全人口数量、成因、分布，项目所在地区的农村劳动力、农业生产、基础设施建设、财政收入、农民收入、社会经济发展等情况。

5）规划编制依据

农村供水工程规划设计的主要依据。

（1）国家有关法律法规。如《中华人民共和国城乡规划法》等。

（2）国家相关技术标准、技术规范。如《生活饮用水卫生标准》（GB 5749—2006）、《农村生活饮用水量卫生标准》（GB 11730—89）、《室外给水设计规范》（GB 50013—2006）、《村镇供水工程技术规范》（SL 310—2004）、《城市规划编制办法实施细则》等。

（3）相关规划等。

6）规划的工作流程

农村供水工程规划包括规划编制流程和规划审批流程两个阶段，见图5.1。

（1）规划编制

农村供水工程规划可参照下列基本程序进行，见表5.1。

农村供水工程原则上是以市（县）为单元，由具有相应资质的规划设计单位编制，并将项目任务落实到项目县并规划到村。

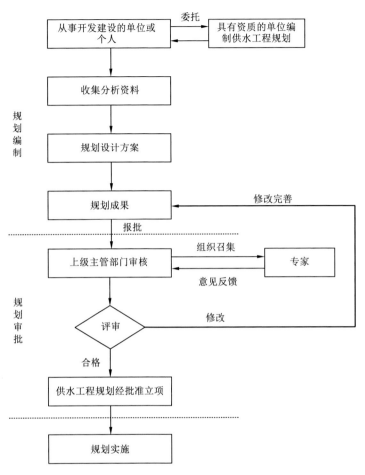

图 5.1　农村供水工程规划工作流程图

表 5.1　农村供水规划基本程序

序号	基本任务
1	根据当地农业供水现状、水源、自然地理条件、居住状况、管理水平、发展规划需求，工程建设资金情况，确定供水工程建设的类型和供水方案
2	收集、整理、分析当地多年的水文、地形、地质、气象、水源水质等资料，为初步选择和确定供水工程的可利用水源提供依据，并经现场调查，进一步证实水源的水量水质情况和确定取水方案
3	根据当地的发展规划，合理确定供水工程的设计年限
4	确定供水人口、用水量组成和各类用水量的取值标准
5	计算供水工程的供水规模和合理确定供水工程的制水规模
6	选择适宜的净水工艺方案和净水构筑物或净水设备及消毒方式

续表

序号	基本任务
7	计算和确定单体构筑物设备的规模
8	根据地形资料和实地测量成果,布置输水管道和配水管网,并通过水力计算确定管径、水泵扬程、调节构筑物的设置
9	工程总平面布置、水厂的平面布置和高程布置
10	有两个以上供水方案和净水工艺方案可供选择时,应通过技术、经济比较,择优确定

工程规划编制单位的考核与资质管理直接关系工程规划编制的水平和质量,关系工程规划、建设、管理工作的互相促进和良性循环,它也是工程规划编制管理工作的重要组成部分。农村供水工程所在地供水主管部门认可的单位承担农村供水工程规划编制工作。规划编制承担单位应深入开展调查研究,核实基础资料,遵循自然规划和经济规律,注重采用新技术、新方法,进行多个规划方案的比较和综合论证,加强技术把关和成果协调,严格控制,确保规划质量。

(2)规划审批管理

农村供水工程规划审批管理包括明确负责规划审批的机构;规定规划审批的程序和内容。具体为:根据规划人口,以县为单位编制本县(市、区)农村供水工程实施规划,由市级主管部门审查、核定,由县(市、区)人民政府批准后,报省级备案;依据经济批准的规划,各县(市、区)委托有资质单位编制年度可研报告,市发改委、水利局审核后联文上报。由上级主管部门或具有相应资质的中介机构审查,形成审查意见后,由省级发改委、水利厅批复项目立项。

(3)规划实施及监督

农村饮水安全项目实施应参照基本建设程序进行建设和管理。农村供水工程规划一经批准立项,工程建设管理部门应及时做好建设资金和工程建设进度安排;组织开展好农村供水工程的施工图设计、工程施工和物资设备采购的招(投)标工作、施工监理工作;对批准的规划任务及对策措施进行分解落实,推动规划实施,安排好工程建设的督导检查与监控、竣工工程的验收与运行管理工作。

各级水行政主管部门应该对规划情况及适应性等进行评估,供规划修订时参考。对于违反农村供水工程规划的项目建设和工程规划实施的行为,各级项目主管部门或者其委托的管理机构,应当依据有关法律、法规予以制止和处置。

5.1.2　建设标准

"十五""十一五"期间,《农村人畜饮水项目建设管理办法》中明确了自治区农村人畜饮水困难标准和解决标准。农村人畜饮水困难标准是指居民点到取水点的水平距离大于 1 km 或垂直高差超过 100 m,正常年份连续缺水 70～100 d;水源型氟病区饮用水含氟量超过 1.1 mg/L,当地出生 8～15 岁人群中氟斑牙患病率大于 30%,出现氟骨症人。工程建设标准以初步解决人畜饮水困难为原则。供水系统一般只有公共给水点;人均日生活供水量正常年份为 20～35 L,干旱年份为 12～20 L;水质达到国家规定的生活饮用水标准。自"十三五"以来,实施农村饮水安全巩固提升工程提高了建设标准。为确保打赢西藏农村饮水安全脱贫攻坚战,根据《水利部 国务院扶贫办 国家卫生健康委关于坚决打赢农村饮水安全脱贫攻坚战的通知》(水农〔2018〕188 号)要求和中国水利学会发布的《农村饮水安全评价准则》(T/CHES 18—2018),结合西藏自治区实际情况,西藏自治区水利厅组织编写了《西藏自治区农村饮水安全评价准则》,作为本区脱贫攻坚农村饮水安全精准识别、制定解决方案和达标验收的依据。相应的分区和评价标准见 3.5 节。

5.1.3　工程质量管理

农村饮水安全是水利改革发展中的重要部分,做好农村饮水安全工程的建设与管理能够惠及民生、造福群众,让农民群众从水利改革发展中得到更多的实惠。加强农村饮水安全工程建设管理,从宏观上最大化地减少农村饮用水工程质量问题的产生。

1. 确保工程施工质量

根据施工管理经验以及本工程的特点,采用项目目标管理法施工机制,在工程的建设中,要求全体施工人员牢固树立"质量第一"的意识,贯彻"质量第一求效益,用户至上得信誉"的企业宗旨,以"精心施工、严格要求、事前控制、杜绝返工"的指导思想,认真对待每个施工环节。

1)对质量保证体系加以建立并完善

项目经理部门成立专门的质量监管小组,组长由项目经理担任,副组长由总工程师担任,成员则有各个主管科室的负责人共同组成。此外,在项目经理部门还需要设置专业的质量检查工程师,在各个工区设置专门的质量检查人员,员工各司其职对施工情况进行跟班检查,及时发现施工过程中出现的问题,并定期召开总结会

145

议，制定相应的施工改善措施。同时，加强与建设单位、设计单位以及监理单位工程师的沟通，做到及时改正问题，为施工质量管理工作打下良好基础。

2）提高全员质量意识

工程整体质量主要包含以下三个方面内容，即使用产品质量、施工质量以及施工工序质量，三者紧密结合。作为一项系统工作，工程整体质量与工序质量有着直接的联系，同时，与工序质量又以施工质量为前提和基础。其中，领导是关键，制度是方法，技术是保证。此外，工作人员进入施工现场之后，还需要对其进行专门的质量意识教育培训工作，将质量要求和安全施工标准进一步明确，实行领导把关制度，特别在重要工序的施工过程中，项目主管人员及技术主管人员需要坚持跟班作业，对相关标准进行严格执行。建立并完善相应的质量奖惩制度，力争设备、人员等方面满足施工质量标准的相关要求。

3）选择经验丰富的施工队伍

从长期在西藏自治区从事水利工程施工的诸多企业中选调重要技术骨干组成专业施工队，按照全面质量管理的方法，成立管材管件安装、钢筋混凝土工程施工、机电设备安装以及土方施工等质量控制（quality control，QC）小组。

4）开展标准化作业

工程严格按标准化作业，做到工序有标准，有检查，凡是检查都要有结论。各项工程的主要工序，严格按照作业标准进行操作，把新技术、新工艺、新方法，运用到各项施工生产中去，切实保证标准化作业质量。

5）严把材料关

很多工程渗漏都是因为原材料的质量不过关而引起，如：管材和管件的强度不合格；管道和管件有砂眼；主管道管材、管件弯头、三通等和附件阀门、水嘴等本身质量不合格或在运输、装卸、组装等环节发生破损。为保证工程施工质量，每批材料进场时项目部材料员、质检员必须对进场材料的品种、规格、外观等进行验收并向现场监理报验。监理同意使用后方可用于工程。排水管材料品种繁多，质量参差不齐，选用管材时应严格把关，要求包装完好，表面无划痕及破损，整根管的外观应光滑，无色泽不均现象，杜绝不合格产品应用于工程。所购材料必须三证齐全，进场后按规定抽检，合格后方可使用。所需设备材料必须选择质量好、信誉高的厂家。

6）技术措施

工程质量保证措施是确保本标段工程质量的重要环节，必须建立健全质量体系，提高全员质量意识，明确制定质量目标，确保一次成优，并配合全线创优质工程。工程质量保证措施包括两方面：①建立设备精良齐全的工地试验室。为了确保工程质量，在开工之前，首先根据工程需要，建立能满足各项试验要求的工地试验室，选派技术熟练的人员，组成强干的试验队伍，装备精良齐全的试验仪器，在有关技术专家的指导下，做好各项试验工作。试验人员必须持证上岗，试验仪器必须经由国家有关部门标定认可。如打机井时需要进行抽水试验。②重视测量工作。组建精干的测量队伍，配备先进的测量仪器，从工程位置、高程和几何尺寸等控制手段确保工程质量，要求施工单位从队伍和设备两个方面保证测量工作满足工程质量的要求。一方面要选派技术水平高、操作熟练的技术人员组成项目经理部和施工工区两级测量队伍；另一方面装配先进的测量仪器。此外还要求测量时认真做好记录，所有施工测量记录和计算成果均按工程项目分类装订成册，并附必要的文字说明。

2．资金管理

资金投入是关系解决农村饮水安全问题的核心问题，根据国家、自治区、市有关部门的规定，要确保中央补助资金、地方配套资金、群众自筹资金按计划及时足额落实到位，制定强有力的资金管理办法，确保工程建设顺利实施（黄吉奎，2016）。

（1）饮水安全工程建设资金到位后，建立独立专项账户，保证建设资金专款专用。

（2）饮水安全工程建设指挥部统一按计划与乡镇或村组签订好每一处的工程建设合同，明确建设资金的数额，包括财政资金补助数额和群众自筹数额。

（3）制定严格的财务管理规章制度和工程款拨付规章制度。为防止中间环节的疏漏，确保资金及时足额到位，县政府指令财政、计划部门一次性将中央补助资金拨付到县水利局饮水安全专账上，再由水利局根据工程进展情况向各乡（镇）村级拨付。各工程建设指挥中心根据施工进度计划和施工进展情况，提出拨款计划，报县饮水安全工程项目领导小组审查批准后，由领导小组组长签字生效。财务工作人员严格把好支付关，按财务管理规章制度办事。

3．质量进度管理

（1）对工程规模较大、技术要求较高、施工难度较大的工程，实行项目法人责任制、招投标制。

（2）工程的规划设计，选择具有一定经验和资质的设计单位，并实行设计终身负责制。

（3）工程的施工根据规模、技术要求、难度情况，通过招标、投标择优选取具有相应资质、守信用的施工单位，确保工程质量达到规范及设计要求。

（4）对一般规模较小、技术要求不高、难度不大的工程施工，可考虑采用当地的能工巧匠、群众投工投劳，水利部门负责技术指导、监督的办法进行。

（5）严格控制工程建设材料和设备的质量，技术监督部门把好质量抽检，主要建材和设备如水泥、钢筋、钢管、塑管、水泵、电机、变压器等统一由指挥部调进或指定地点采购。

（6）建立健全工程质量责任制和监管机制。实行行政领导责任制、参建单位工程质量领导人责任制以及工程质量检查监督管理办法。县水利部门组织技术人员分片住到各工程点，对工程施工实行全过程质量监督、技术指导，使各工程质量的责任明确到人。

4. 施工阶段的技术管控

1）材料检验

依据施工规范和设计文件，安装前要严格按设计要求核对其材质、型号、规格，并进行外观检查。注意是否有砂眼、裂痕，包括管件的承插口及存水管、检查口、清扫口等配件质量情况，如发现有缺陷，或有疑虑，则可进行通水试验，严格控制施工用的原材料质量。

2）施工现场管理

各施工单位施工进度统一协调指导，各施工单位在同一时期内在各自承担的施工区域内完成施工任务。组织协调各施工单位对在相邻施工区分界处的同类管线碰头事宜，要具体落实施工日期、施工地点、施工人员、质量检验等事项。

3）施工质量管理

要求管理人员对每道工序均进行过程控制，在施工过程中，监理人员要进行跟踪、监控，并督促承包商坚持实行工序施工活动前的操作技术交底制度，向所有参与者明确施工质量要求，由全体员工自觉维护工程质量，提高质量水平。

4）施工技术控制

加强施工中的技术控制，及时发现有违反合同、施工规范的行为，如材料质量不合格，施工工艺或操作不符合要求。同时由于环境对质量也会产生影响，监理工程师要加强对安全生产、文明施工的监理力度。

5）管道试验

给水及循环水管道要及时进行分区段的水压试验，即每完成一个自然段，就应进行一次试压，直至全部合格。

5. 工程竣工验收

工程项目竣工验收是农村安全饮水工程完成建设目标的标志，是全面考核建设成果检验设计和工程质量的重要步骤。农村饮水安全工程项目建设完成后，项目法人或有关地市或县（区）要按照《农村饮水安全工程验收内容和评分标准》对工程项目进行自行验收，依据工程项目的可行性报告、初步设计报告文件和年度实施方案，逐项检查对照完成情况，包括完成工程数量、质量和达到的技术要求等各项指标。在自验合格的基础上，向自治区水利厅、发展与改革委员会提出竣工验收申请，由省级水利厅、发展与改革委员会对工程建设项目的组织领导、任务完成情况、工程质量、资金投入和工程管理等五个方面进行验收，验收合格后工程投入使用。

5.2　存 在 问 题

5.2.1　农村饮水安全水平低

截至 2017 年底，西藏自治区现有农村饮水工程点 13 918 处，工程受益人口 219.39 万人，其中建档立卡人口 44.02 万人，供水保证率 62%，自来水普及率 67%，集中供水率 81%。由此可见，西藏自治区的农村饮水安全水平仍偏低，主要表现在以下几个方面。

1. 供水水质标准低

西藏自治区部分地区工程建设标准低，净水设施与消毒设备不完善，部分工程已到使用年限，严重影响供水安全。还有一些地方的工程达不到水质标准，如部分县区的饮用水中铁、锰超标等。

2. 水量不足、保证率低、用水不方便

已建农村供水工程特别是饮水解困工程，相当一部分建设标准偏低，有的工程不完善、不配套，管理不方便或达不到预期效益，有的水源不可靠或保证率低，遇到较严重的干旱季节，又出现饮水困难的问题。

3. 农村饮水安全工程建设和管理存在的问题

农村饮水安全工程重建轻管时有发生。主要表现为管理责任不明确、管理机

制不活、制度不健全、水价不到位、水费计收难、工程运行管理和维修经费不足等，这些问题导致大量的工程管理不善，效益不能充分发挥，有些工程甚至过早报废，给农牧区居民的生活生产带来严重影响。因此，加强农村饮水安全工程的管理，保证工程的正常运行和持续发挥效益，是当前农村供水工作的一项重要而紧迫的任务。

5.2.2　前期工作薄弱，发展不平衡

西藏自治区水资源丰富，河流水系发达、湖泊众多、冰川发育，水资源及水能资源理论蕴藏量两项均高居全国之首。同时，作为我国唯一省级集中连片特困地区，是"三区三州"深度贫困地区之首。但西藏地形地貌复杂多样，导致水资源在时空分布上极为不均匀，各地经济发展不平衡，西藏自治区农村饮水安全工程前期工程薄弱、区域发展不平衡。

1．工程建设前期工作薄弱

通过调研发现，农村饮水困难地区普遍对当地的水资源状况不清楚，有的地区由于资金短缺或没有现成的探井机具，前期工作没有做好，缺乏对供水水源的可靠性的科学论证与审查，打出的井不出水或水质不合标准，既浪费了大量的人力、物力、财力，又影响了水利部门和政府的声誉。一些工程设计标准太高，实际用水量与设计值相差太大，导致设备运转效率偏低，实际成本价格高于原核算成本价格，运行成本加大，只能勉强维持低水平的经营，发展后劲不足。

2．饮水安全工程的设计和建设不够合理

在农村饮水安全工程的建设过程中，受资金、人力、物力等因素的影响，其工程建设和管理人员往往有限，饮水工程建设也出现不完善的现象。县（区）饮水基础工程建设不够完善，技术人员的配备有限，前期的经费较为短缺，饮水工程开展中容易造成工程进度缓慢，工程效果不理想。农村饮水安全工程的设计与规划中资金的预留通常不是按照现有的水平进行的，因此，在建设与管理的过程中，常会出现资金短缺或者资金到位较慢的情况，影响工程建设与管理的进程。另外，在县（区）政府的饮水安全工程设计和建设中，建设的范围较广，设计规划的时间短，对工程具体的细节把握不够精准，常会导致饮水工程建设不够合理，影响到整个工程的质量水平。农村饮水安全工程的设计和建设不合理，会影响到农民生活质量和生活水平的提高，对农村的建设和发展产生不利影响。在一些农村的集中工程建设中，工程设计不合理，工程建设粗制滥造，甚至有些饮水工程未设置净化及消

毒设施，给农民的饮水造成很大的安全隐患，影响农民的身体健康和生活水平。

3. 区域发展不平衡

就全自治区而言，农村供水工程一般在经济相对好与水资源相对丰富的地区发展较快，条件相对较差的地区发展缓慢。中、东部地区如林芝市农村安全饮水普及率相对较高。受水源条件、工程状况、居住分布、人口变化和标准提升等因素影响，北部高海拔地区如那曲市、阿里地区等部分县区农村饮水安全工程在水量、水质保障和长效运行等方面还存在一些薄弱环节，解决难度也比较大。

4. 水源保护薄弱，水质保障难度大

尽管西藏自治区水资源十分丰富，但量大面广的小型供水工程和分散供水工程，水源保护措施大多难以落实。许多农牧区供水工程，因缺乏必要的检测设备和经费，日常水质检测达不到规范要求，水质卫生监督也不能全面覆盖，供水水质难以保证。

5.2.3　建立长效机制难度大

建立长效机制难度大主要反映在以下方面：一是农村饮用水水源保护工作薄弱。一些地方未采取有效的水源保护措施，加之农业面源污染和生活垃圾污染，对农村饮用水源造成威胁。二是建后管理机制不完善。当前普遍存在单位定性不准、人员和运行经费落实困难、管理理念陈旧、服务能力弱等问题。三是农村供水水价改革进展缓慢。西藏自治区大多数工程根本不收水费，水费收入严重不足，无法提取折旧费和维修费，难以维持工程良性运行；四是基层人员待遇低，技术人员缺乏。农村供水管理站、乡镇水利站人员水平参差不齐，专业化管理水平不高，村级工程普遍是农牧民进行管理。农村供水工程大多处于偏远乡村且从业人员待遇较低，对专业技术和管理人员缺乏吸引力。

5.3　现代化建设管理探索

5.3.1　农村饮水安全工程的台账管理

农村饮水安全工程是乡村基础设施的重要组成部分，是"两不愁、三保障"的重要内容，位列十大提升工程之首。农村饮水安全工程的管理水平直接影响到全区广大农牧民生活质量和健康水平。为保证农村饮水安全工程长期发挥效用，必须加强农村饮水安全工程的管理，充分发挥农村饮水安全工程的作用并经常保持给水设施的完好，满足农牧区居民用水需要。为落实农村饮水安全主体责任，提高农村饮水安全工程运行管护水平，为脱贫攻坚考核提供依据，根据国家有关部门要求，在2017年全区农村饮水安全工程普查的基础上，自治区水利厅将在全区开展农村饮水安全工程台账构建工作。各市（区）、县（区）要全面建立农村饮水安全工程台账，做到每个工程点都有一个唯一的编号，对应一张基本信息表与一部运行管理台账，从工程的设计、施工、验收、运管、维修直到报废，包括各项指标数据，随时更新，每年汇总上报。各市（区）水利局和自治区水利厅同时建立数据库，每年更新汇总。台账的构建将为下一步开发全区农村饮水安全工程信息管理系统打下基础。

构建县（区）级、市（区）级、自治区级三级农村饮水安全工程台账体系，县（区）级台账由各县（区）水利局牵头建立与管理，市（区）级台账由市（区）水利局牵头建立与管理，自治区级台账由自治区水利厅农水处建立与管理。每年年底各县（区）水利局必须向市（区）水利局上报辖区内农村饮水安全工程当年的管理运行情况，市（区）水利局向自治区水利厅上报辖区内所有建立台账的农村饮水安全工程管理运行情况。农村饮水安全工程的基本信息台账每年底更新一次，县（区）级、市（区）级、自治区级台账每年年底更新一次。每年各工程的运行管理台账要及时更新，各县（区）将辖区内的所有工程的运行管理台账汇总后，提交到所在市（区）水利局，经过复核审查通过后，提交至水利厅农水处。各县（区）只要根据实际情况，在已建立台账的基础上进行添加新建的农村饮水安全工程的基本信息，以及复核现有工程的运行情况（是否正常运行、工程维修、报废等情况）、受益人口与建档立卡人数等，然后向市（区）水利局提交更新后的台账数据，市（区）水利局在汇总辖区内各县（区）的数据后，向水利厅提交相关台账数据，最终由水利厅负责更新该年度的农村饮水安全工程台账。

5.3.2　农村供水信息化建设

开展农村供水信息化建设，全面提升行业管理水平。农村饮水安全工程量大面广，应加快信息化建设，应用现代信息技术全面提升工程管理和服务水平。重点是抓好县级农村饮水安全信息化管理系统建设，按照技术先进、安全适用、经济合理、稳定可靠的原则，围绕"水源安全、水质安全、供水设施运行安全"的目标，采用自动采集、计算机网络、地理信息系统（geographic information system，GIS）等先进的技术手段，实现对全县农村水厂水源、水质、水量、工程运行的监管，为提升农村供水行业管理和服务水平提供技术支撑。县级农村饮水安全信息化管理系统建设应处理好几个关键问题：一是重视和加强基础数据库建设，特别是输配水管网相关数据建设等；二是合理确定水质在线检测指标，出厂水重点检测浊度、pH、电导率、消毒剂指标，水源水和管网末梢水一般不采用在线检测；三是重点加强水厂设备运行监测，如混凝剂投加设备、净水设备、消毒设备、供水水泵等；四是合理布局管网关键节点压力和流量监测点（点多面广、投资大）；五是处理好自动化与信息化的关系，信息化不等于自动化，不宜盲目追求远程控制；六是因地制宜，突出当地特色（颜振元 等，1995）。

农村饮水安全是农村水利工作的重中之重，是当前农民最关心、最直接、最现实的利益问题之一，也是一项长期而艰巨的任务。加强农村饮用水安全工程建设的管理是一项复杂的系统工程，只要将农村饮用水工程中宏观和微观层面的工作做好，深入分析农村饮用水工程施工管理的特点，同时加强项目质量、安全、成本控制，就一定能提高农村饮用水工程施工管理水平，提高农村饮用水工程的质量，保障农民饮水安全。

第 *6* 章

西藏农村饮水安全工程运行管理

建立农村饮水安全工程运行管护机制是顺利完成农村饮水安全脱贫攻坚任务的前提。本章主要从工程管护主体和工程管理模式两个方面介绍农村饮水安全工程运行管护机制，并对西藏农村水利工程维修养护资金和农村供水水价情况进行论述，最后以双湖县"井长制"作为典型案例，总结相关的工程运行管理经验。

6.1　运行管护机制

6.1.1　工程管护主体

（1）由城镇管网延伸解决农村饮水安全的工程，工程建成验收后，移交城镇自来水公司按照原有工程管理体制管理。

（2）由国家投资建成规模以上的农村集中供水工程，由县级水行政主管部门直接监管，成立事业性质、企业管理的县级农村饮水安全工程经营管理机构负责经营管理，或通过竞争择优方式选取有资质的专业管理单位负责管理。

（3）由国家投资建成的单村供水工程由受益区农民用水户协会负责管理，跨村供水工程由村民委员会或基层水利管理单位负责管理。

（4）国家和社会共同投资建成的农村饮水工程，可组建股份公司负责管理。

（5）社会投资建成的农村饮水工程，由投资者自主管理。

（6）家庭集雨水柜、水池等分散供水工程，由受益家庭自主管理，允许继承和转让。

6.1.2　工程管理模式

农村饮水安全工程具有很强的社会公益性，是农村居民生活和社会经济发展不可或缺的基础设施。工程投资大、效益低，建设投资以国家和地方政府为主，产权公有为主，一般归县级政府管理。根据西藏农村饮水安全工程管理经验，提出"十三五"农村饮水安全工程可持续运行管理基本模式。

1. 城市自来水公司管理模式

对城乡一体化的供水工程，充分发挥城市自来水公司的人才、技术和经验优势，实行城乡统一管理。城市自来水公司运行时间长，管理人员专业素质较高，水质、水压、供水时间等方面能确保农村居民享受和城市市民一样的服务。另外，城市自来水更受领导和社会关注，能够得到更多的关心，一般不用担心工程的持续运行问题。特别在水质安全、专业化管理和可持续运行方面，城市自来水公司管理优势明显，是着力推进的一种管理模式。

2. 股份制公司经营管理模式

股份制公司经营管理模式主要由工程建设投资主体多元化形成，包括各级政府、民营企业或个人等，按照"谁投资谁所有"的原则确定产权。工程建成后由县级供水总站或供水公司代表政府投资形成的产权，与其他投资形成的产权组建股份制公司。为保证政府主导和企业经营活力，可采取县级供水总站或供水公司控股，但不承担日常经营管理等。该模式能够发挥政府主导和市场机制两个优势，既能减少行政干预，又能防止企业追逐盈利和短期行为。

3. 乡镇水利站管理模式

乡镇水利站管理模式主要针对政府与集体投资为主体的工程。工程建成后，产权归乡镇政府所有，工程的经营管理由乡镇水利站负责。水利站管理模式多用于建设资金来源主要为政府、集体和群众模式，受观念、利益等各方面因素，没有对已建工程在产权和经营权进行改制，采取了政府派人管理的模式。在一些经济比较发达的地区，政府投入比较多，工程建成后，形成的固定资产量比较大，许多地方担心国有资产流失，不敢对工程进行改制，责成水利站进行管理。水利站管理模式的优点为管理人员专业素质比较高，管理工作上路快，同时为稳定水利站人员发挥了积极作用；不足之处是，产权属政府，不能完全落实经营管理权。

4. 供水协会管理模式

供水协会管理模式适用于规模较小的联村或单村工程。工程交由协会管理，可以避免村与村之间管理水平参差不齐的弊端，特别是可以规范水费收取和支出，增加财务透明度。

5. 委托经营管理模式

委托经营管理模式主要针对量大面广的单村供水工程，重点推广由规模以上的供水工程管理部门代管的模式，也可由供水协会统一管理。同时创造条件，通过管网延伸、并网等方式减少单村供水工程，推进规模化集中供水。

6.2 运行管理费用

6.2.1 农村水利工程维修养护资金

自治区政府高度重视农村供水工程的运行维护工作，各市（区）、县（区）为保证农村供水工程的正常运行，每年通过配套运行维护经费，专项用于农村供水工程的维修养护。自治区财政每年落实水利工程运行维护费 1.7 亿元，根据需要由各市（区）安排用于农村供水工程维修养护，基本上能保证所有县（区）农村供水工程的正常运行。各市（区）为保证农村供水工程的正常运行，每年通过配套运行维护经费，专项用于农村供水工程的维修养护。山南市 2017 年度水利工程运行与维护补助资金为 2 824.45 万元，专项用于小农水、安全饮水等水利设施维护与养护。拉萨市结合实际情况，每个受益点每人每年收取 1.00 元的管理费。山南市隆子县财政将农村饮水安全工程维修资金纳入年度财政预算，按每年 15%增幅安排专项资金用于小型农田水利工程、农村饮水安全工程等维修养护，确保工程发挥长久效益。

6.2.2　农村供水水价

《西藏自治区农村饮水安全巩固提升工程"十三五"规划报告》明确提出要"加快建立合理水价机制"，部分县（区）结合当地实际，已征收少量的水费用于供水设施维修［收取 1～5 元/（人·年）］，走以水养水之路。但是大部分地区尚未建立合理的水价机制，普遍存在农村饮水工程不收水费的现象。

山南市隆子县在部分机井水源地供水区做到了水表安装到户工作（图 6.1），根据水量征收水电费，标准为 1～5 元/（人·年），有效防止了饮用水浇灌菜地、林地等浪费行为；拉萨市林周县部分地区根据水表确定每户用水量，采取"水费+电费"一起征收的方式，按照 0.57 元/度的标准由村委会收取，收缴的水电费用于本村饮水工程的维修养护。

图 6.1　山南市隆子县隆子镇宗雪村计量水表

6.3 典 型 案 例

在农村饮水安全巩固提升工作中,双湖县积极探索,开展了农村饮水安全巩固提升工程"井长制"试点工作,根据双湖县人民政府办公室《关于双湖县"井长制"试点工作实施方案的批复》(双政复〔2017〕24 号)文,经县政府同意,于 2017 年 9 月出台了《双湖县井长制试点工作实施方案》,并与成立井长制的各乡镇签订目标责任书,印发了《农村安全饮水巩固提升工程运行管理办法》和《双湖县井长制章程》。

2017 年 9 月底,在试点乡(多玛乡)基本建立覆盖乡、村的两级井长制,印发了《多玛乡全面推行井长制工作方案》,初步形成井长制管理体系,向社会公布了井长名单,并明确了总井长、井长、监管员和水管员等相关职责人员,落实了水井管理保护属地责任。结合工程区实际,双湖县积极推动井长制试点工作,实行有偿用水制度,通过适当收取水费增加居民节水意识的同时,为机井工程的运行维护提供一定资金支持。多玛乡果根擦曲村最终确定水费收取以户为单位,确定的收费标准为 1 元/户/d。并将国家强基惠民部分资金(1 000~2 000 元)用作机井运行、维护及管理费用。饮水安全巩固提升工程的水费及其他运行管理资金收入主要用于工程设施的管理、维修、更新、改造、人员工资福利等开支。

2017 年 11 月底,双湖县各乡(镇)根据多玛乡经验,基本建立责任明确、协调有序、监管严格的水井管理保护机制,全县范围内基本建立县、乡(镇)、村的三级井长制管理体系。通过井长制的实施,形成政府负责、群众监督的工作格局,以"饮水安全、管理规范、让群众长期受益"为目标,坚持建、管并举,确保水井长期安全运行,农村饮水安全得到充分保障。

第 7 章

西藏农村饮用水水源地保护

农村饮用水水源保护直接关系西藏自治区农牧民的饮水安全，是目前农村水利发展的薄弱环节。本章对我国及西藏自治区现行的水源地保护法律制度进行总结，针对西藏自治区提出农村饮用水水源地保护对策、措施及水源地保护的工程技术措施。

7.1　水源地保护法律制度现状

7.1.1　农村饮用水水源地保护的法律价值与现实意义

饮用污染的水将直接威胁农村居民的身体健康,既不利于农村经济水平的稳步提升,损害了其经济发展的根基,也给城市建设带来了很大的不良影响,无法确保城市的周边环境。因此,对农村饮用水水源地保护法律制度的完善具有重要的法律价值与现实意义。

1. 公平保护饮用水水源地,实现环境正义

生命健康和生存权是人的最基本的权利,随着我国经济的飞速发展,对于衣食住行等方面的物质保障越来越健全,生存与健康的威胁主要来自于生活环境的威胁。早在 1948 年 12 月 10 日,由联合国相关组织出台的《世界人权宣言》中就有关于保护生命健康和人身自由的条款,这是法律赋予每个人的权利。中国历来也支持并履行这种人权精神,在立法方面将保障人类生命健康和生存权作为立法核心。例如:"生命健康"的相关权利在《民法通则》的有关规定中占据重要地位,用法律的形式提出因破坏环境而对公民的生命安全和身体健康造成危害的行为是要被严厉打击的。这在《刑法》隶属犯罪的行为中也有明文规定。新《环境保护法》也对环境保护、污染防治等方面进行了立法修改。饮用水水源地作为人类赖以生存的重要资源,通过法律的形式进行保护已经势在必行。大量调查已经证实,人类的生命健康与日常饮用的水密切相关。研究表明,进入水体的有机物中含有大量危害人体健康甚至会导致中毒的成分,还有可能变更人体细胞的 DNA 结构,诱发癌变、畸变甚至突变。农村的面源性污染难以根治,大量农药化肥污染、养殖业畜禽粪便污染、农膜污染、秸秆燃烧污染等面源污染随着雨水淋洗和地表水的径流渗透到地下水,直接污染了农村大多数饮用水的水源,危害着农村地区人口的生命健康。可见,在我国饮用水水源保护的法律制度完善过程中,必须树立确保人类身体健康和生命安全的思想,在法律制度和整体措施上保护农村用水的安全。

2. 稳定农村、发展农业、保护农民

第一,水资源的保护有助于农业生产的发展。农业生产有其特殊性,其对自然条件依赖性强。农业生产环境一旦被人为干预,势必会影响其产生的农产品的规格,田地的生产力将被大打折扣。国家国土资源和环境保护相关单位曾经合作对

中国水资源现状进行了调查研究,结果显示有些地区的水资源现状破坏严重,这些"看不见"的重金属污染,正在扮演着农产品质量安全的"隐形杀手",不仅影响到农田和农村周边环境,也让普通消费者对农产品的质量安全产生疑虑。例如,化肥使用过量会造成土壤酸化,进而诱发土壤重金属离子活性的提高。数据显示,土壤pH 每下降一个单位,重金属镉的活性就会提升 100 倍,这可以增加骨痛病等疑难病症的患病风险。为了农村生产力的提高,更为了促进四周城市的发展,优化和治理农村环境都显得尤为重要。

第二,农民要想发家致富也必须承担起保护水源的重任。作为重要的资本,农民的身体状况直接影响着可创造财富的数量。健康就是财富,人是重要的生产要素,劳动者身体素质对财富的创造有着很大的影响,因此,对水源的保护有利于农村居民生活富裕。当前,一些农村地区居民喝着被污染的饮用水,对身体健康造成了难以恢复的危害。一些农村家庭存在因病返穷的情况,为了改善广大农民的身体状况,让他们能尽快追赶上城区的步伐,必须要提高农民的身体素质,而水是农民生产生活所离不开的日常资源,因而必须加强农村饮用水水源地的保护,为农民提供干净健康的水。

第三,农村饮用水水源地保护也有利于解决水资源纠纷,形成文明乡风。随着农村的发展,由水资源污染而引发的纠纷日益增多,长期污染积累的矛盾不能合理的解决,激化了农村社会矛盾,有些村民甚至采取了极端的方法,不利于构建和谐的社会主义新农村。对农村水资源进行立法保护,既能够优化水资源、环境,也为农民依法维权提供了法律依据与保障。

7.1.2 我国农村饮用水水源地保护法律制度现状

1. 农村饮用水水源地监管体制考察

历史经验证明,环境保护领域是典型的市场盲区,必须要政府之手予以监管。在相当长的时间里,农村以农业生产为主,远离工业文明,加上自身环境承载力较大,自我净化能力完全能够满足农村水环境的需要,环境污染并不严重,因此,对政府实施环境保护监管的需求不高。但随着现代化农业的发展,农村城市化的进程加快,一些城市工业向农村转移,农村的饮用水环境日益恶化,凸现了我国农村饮用水监管法律机制的不足。所谓农村饮用水水源地监管法律机制,是指饮用水水源地监管主体采取怎样的组织形式,以及这些组织形式如何结合成一个合理的运行系统,这个系统又是以怎样的程序来运作的,以实现农村饮用水水源地监管的目标所形成的法律运行机制。我国对饮用水管理监督机制的设置是根据国家制定的《水法》来组建的,《中华人民共和国水法》第十二条明确规定,"国家对水资源实行流域管理与行政区域管理相结合的管理体制。国务院水行政主管部门负责全国水资源的统一管理和监督工作。国务院水行政主管部门在国家确定的重要江河、湖泊设立流域管理机构(以下简称流域管理机构),在所管辖的范围内行使法律、行政法规规定和国务院水行政主管部门授予的水资源管理和监督职责。县级以上地方人民政府水行政主管部门按照规定的权限,负责本行政区域内水资源的统一管理和监督工作。"由此可见,整体的水源监管职能是通过国务院负责水务的相关部门来履行的,统筹规划并执行监管职责。国家相关职能部门根据预先规划的重点区域内的河流和湖泊进行管理部门的设定,并以这个区域作为行使权力的范围,统一监管和治理污染水源的各种行为。市级以下的行政单位则利用自己的工作范围,对本区域的饮水水源进行综合整治和奖惩的执行。落实到农村中,主要是县水利局统一管理水资源,拟定水资源保护规划并实施监督管理,负责城乡供水管理及水源建设、水环境保护,组织协调农村乡镇供水,负责农村人畜饮水工作。从中可以看出,农村饮用水水源地作为饮用水水源的一部分,在相关政策法规中的条款还不全面,一些国家的大法和各级地方的相关条例中也只有对农村饮用水水源监管进行原则性的、总体性的规定。

我国城乡二元经济结构直接导致城乡在如何监督保护水资源方面存在不少差异,农村水资源的治理和监督体制在除中央以外的区域具有以下特点。

(1)县水利局统一管理水资源,组织协调农村水利基本建设和农村乡镇供水、人畜饮水工作;另外有一些地方行政单位成立专门的办公室,调配专业人员来负责环保工作,但这些部门和人员把主要精力都放在了治理工业污染的领域,至于如何对农民使用水和饮用水监管则涉及很少。

(2)在农村有两个分属不同级别的行政组织,但共同行使管理职能,它们分别是利用国家赋予的权利来治理农村各项工作的地方政府和由群众选举自主管理村务的村民委员会。从监管职能来看,村民委员会一方面有协助政府管理饮用水水源事务的职能,另一方面有领导村民民主管理本村饮用水水源事务的职能。

2. 农村饮用水水源地保护区制度

我国目前对饮用水水源地保护的制度最主要的就是划定相关区域保护水源的制度,它由按照级别区分农村水资源和利用相关法规治理水源污染两个部分共同组成。从法律到行政法规、部门规章均有所体现。我国饮用水水源保护区制度经历了初步确立到逐渐完善以及强化的过程。

国家环境保护部、水利部门、卫生部门、建设部门、地矿部门在 1989 年共同出台了《饮用水水源保护区污染防治管理规定》(简称《管理规定》),其是专门监管饮用水水源保护区的法规。这一规定把饮用水水源保护区分成两类三等级,分类分级规定了水质标准和管理强度,分别提出各个级别保护区中严禁开展的活动与必须遵守的规则,同时就整体方面规定了保护区污染预防与治理的管理与奖罚机制。然而《管理规定》缺少违反饮用水水源保护区管理措施后的法律责任,同时这是针对集中式饮用水水源保护区而划定的,对农村或分散型饮用水水源地的保护并无较严的规章举措,致使这些地区水的质量不符合集中式饮用水水源地的水质标准,水量也得不到长期充足的保证。

《生活饮用水集中式供水单位卫生规范》自 2001 年正式执行,其中专门设定了章节提出针对集中式供水部门的水源展开卫生保护。对于地表水水源提水点周边特定区域内,地下水源的作用半径领域内的生产生活行为和人工回灌地下水的质量标准等方面给出规定。《生活饮用水卫生标准》中也做出了相似的规定,指出生活饮用水的水源应建立卫生保护区域。

2002 年出台的《中华人民共和国水法》在立法上确保了水源安全的重要性。根据这项法律的要求,国家应该制定相关制度保护饮用水的安全,应该执行惩罚措施制止水源保护地的污染,应该用法律的形式明确相关单位将污水排放到保护区的相应责任和后果。但随着社会生产力的进步,生产生活活动呈多样化发展,污染的形式和种类也层出不穷,这种单纯对排污口设置的限制显然不能完全规避饮用水水源地保护区内出现的污染行为。

《中华人民共和国水污染防治法》在 2008 年 2 月出台,此法有诸多创新之处,例如:在立法目的中增加了"保障饮用水安全"且规定"优先保护饮用水水源",同时提出饮用水水源保护区水环境生态机制补偿;编订专门章节针对饮用水水源保护区体制给出详细的规定,该法第五十六条指出饮用水水源保护区划定和审批主体,并把其划分成三个等级,制定了严格的管理制度和科学的饮用水标准;法律责任部分主要规定在第七十五条和第八十一条,加重了对污染饮用水的惩罚力度,并且处罚的种类也不仅仅局限于责令停业或关闭,还增加了罚金、停产整顿的处罚方式,处罚力度有所强化,最高罚款可达 100 万元。

3. 农村饮用水水源地突发事件应急保障制度

饮用水水源污染突发事件应急制度是指依法建立以饮用水安全保障为目的,对饮用水水源突发事件采取预防和应急准备、监测和预警、应急处置和救援、事后恢复和重建等措施的制度,其中饮用水水源突发事件的监测和预警、应急处置是最为核心的两大内容。

监测和预警制度是指为了有效预防和处置饮用水水源突发事件,通过建立监测系统,收集各类信息,加以识别、分析和研判,制定饮用水水源监测预报方案以及事故应急方案,对可能发生的饮用水水源污染事故进行风险预判并及时向相关地区和人员发布警示的事前防御制度;而应急处置制度是在饮用水水源污染事故发生后的紧急处理制度。

依据《中华人民共和国水污染防治法》规定:"在生活饮用水源受到严重污染,威胁供水安全等紧急情况下,环境保护部门应当报经同级人民政府批准,采取强制性的应急措施,包括责令有关企业事业单位减少或者停止排放污染物。"这一规定说明,当饮用水水源被污染有可能导致供水危害时,环保主管机构应要求相关企业事业单位实行终止或降低排污量等举措。然而该规定过于笼统且只对应急进行了规定,忽视了预警和应急制度相结合,因为饮用水水源一旦被污染和破坏,将难以治理且对人体健康造成损害。

对于出现事故或别的突发性情况导致的有可能危害到饮用水水源安全的现象,《饮用水水源保护区污染防治管理规定》第二十三条以及《城市供水水质管理规定》第十三条也设定了应急保护措施,这一措施规定事故负责人立刻展开行动撤除污染,同时呈交报告到本地城市供水、卫生站、环保部门、水利局、地质矿产部等以及自身的主管机构;通过环保机构依照本地人民政府的规定组织相关机构调查处置,必要时通过本地人民政府审批后实行强硬性举措来减小亏损。2015 年开始实施的《中华人民共和国环境保护法》则建立了环境污染公共监测预警机制,即县级以上人民政府应当建立环境污染公共监测预警机制,以及企事业单位应当按照国家有关规定制定突发环境事件应急预案。

7.1.3 西藏自治区水源地保护现状

1. 水源地保护法律法规

为保证西藏自治区饮用水安全,全区先后制定和出台了《西藏自治区环境保护条例》《西藏自治区饮用水水源环境保护管理办法》等与饮用水水源地环境保护相关的地方性法规、规章等规范性文件,着力加强全区集中式饮用水水源地管理与保障工作。根据《西藏自治区水污染防治行动计划工作方案》,到 2030 年,全区城镇集中式饮用水水源地水质将达标率将达到 100%;认真履行各部门工作职责,实现从水源到水龙头全过程监管饮用水安全;加强饮用水水质的监测和信息发布,对全区集中式饮用水水源地划定水源保护区、设立保护区边界标志、水源保护区内环境违法行为清理整治、水源地安全保障建设等进行专项检查,精准发现问题、切实整治问题,解决水源地突出环境问题,确保全区饮用水安全。

2. 饮用水水源地保护现状

西藏自治区农村饮用水水源地类型主要以地表水、地下水为主,其中日喀则市、山南市、昌都市、林芝市主要以地表水为主,那曲市、阿里地区主要以地下水为主。

西藏自治区政府高度重视水源地保护工作,各市(区)、县(区)人民政府积极采取措施并发布水源保护公告,划定了水源点的保护范围,设立了水源地保护界牌、界桩,见图7.1。自治区农村饮水工程水源点分布比较分散,海拔较高,各地区因地制宜地采取了网围栏、浆砌石挡墙等措施加以保护,禁止在水源点保护区或保护范围内开展生产建设活动,最大程度减小对水源水量、水质的影响。

图 7.1　西藏自治区农村饮用水水源地现状图

据调查,截至 2017 年底,自治区农村无千吨万人以上供水工程。农村千人以上供水工程数量为 104 个,其中拉萨市千人以上供水工程数量 25 个,日喀则市千人以上供水工程数量 44 个,山南市千人以上供水工程数量 9 个,林芝市千人以上供水工程数量 1 个,昌都市千人以上供水工程数量 9 个,那曲市千人以上供水工程数量 13 个,阿里地区千人以上供水工程数量 3 个。截至 2017 年底,自治区所有 104 个千人以上供水工程均已划定水源保护范围。自治区农村千人以上供水工程水源保护范围实际划定数量与农村千人以上供水工程数量的比例为100%。昌都市芒康县对 383 个已建农村饮水工程取水口方圆 20 m 范围内采用围栏、禁牧、植树和种草等措施实施水源地保护;对嘎托镇、纳西乡、木许乡等三个乡镇供水工程取水口方圆 50 m 范围内采用围栏、禁牧、植树和种草等措施实施水源地保护；成立用水户协会，召开村民大会推选 2～3 名运行管理人员负责水源地保护工作，防止人为或牲畜破坏水源地。江达县对 401 个已建农村饮水工程取水口方圆 20 m 范围内进行围栏、禁止进出人员和牲畜、植树种草等措施实施水源地保护；对乡（镇）供水工程取水口方圆 50 m 范围内进行围栏、禁止进出人员和牲畜、植树种草等措施实施水源地保护；加强宣传包虫病水传播途径的防治知识，以"勤洗手、不喝生水，保护水源地"为重点，教育引导群众养成良好的卫生习惯，逐步培养健康的生活方式，提倡科学放牧，倡导农牧民群众放牧远离保护区域的水源，防治牲畜粪便污染。

拉萨市出台了《拉萨市农牧区饮水安全工程运行管理实施细则》，日喀则市出台了《日喀则市农牧区饮水安全工程运行管理实施细则》，均规定潜水井、自流泉取水点周围半径 50 m，河流、山溪取水点和水库、水塘取水水源上游 1 000 m 至下游 100 m 和沿岸 50 m 的防护范围内应设置明显的饮用水水源保护标志。在设有饮用水水源保护标志防护范围内，严禁排放生活污水和工矿业废水，禁止有产生污染的任何活动。在以上保护范围内不得建筑生活居住区、饲养畜禽、洗涤、旅游、厕所、粪坑、沼气池、排污渠道等，不得进行堆放垃圾、粪便等污染物品以及废渣等其他可能污染水源的活动。

7.2　水源地保护范围与对策

7.2.1　保护范围划定

1. 农村饮用水水源地保护区划分

农村饮用水水源地保护区划分的目的，是为各级政府和有关部门依法加强水源地保护服务，为相关部门合理开发饮用水水源、保障饮用水环境质量提供依据。

2. 饮用水水源保护区的划分方法

根据《中华人民共和国水污染防治法》《饮用水水污染防治规定》，参照西藏自治区人民政府颁布的《西藏自治区饮用水水源环境保护管理办法》及《饮用水水源保护区划分技术规范》（HJ/T 338—2007），饮用水水源保护区分为一级保护区、二级保护区，同时在二级保护区外设置准保护区。

1）河流型饮用水水源保护区划分方法

（1）一级保护区：从取水点算起，取水点上游不小于 1 000 m，取水点下游不小于 100 m 范围的河道水域及河岸两侧水平距离不小于 50 m 的陆域划为一级保护区。

（2）二级保护区：从一级保护区的上游边界向上游延伸，不得小于 2 000 m，下游侧外边界距一级保护区不得小于 200 m 的范围划为二级保护区，二级保护区沿岸纵深范围不小于 1 000 m。对于流域面积小于 100 km² 的河流，二级保护区可以是整个集水范围。

（3）准保护区：根据流域范围、污染源分布及对饮用水水源影响的程度，需要设置准保护区时，可参照二级保护区范围设置准保护区范围。

2）湖库型饮用水水源保护区划分方法

（1）一级保护区：小型湖泊、小型水库取水口半径 300 m 范围为一级保护区水域范围，正常水位线以上 200 m 范围为一级保护区的陆域范围；大中型水库取水口半径 500 m 范围为一级保护区的水域范围，取水口侧正常水位线 200 m 范围为一级保护区的陆域范围。

（2）二级保护区：小型湖泊或中小型水库一级保护边界外的面积设定为二级保护区；小型湖泊可将上游整个流域设为二级保护区。小型湖泊和山区中型水库，二级保护区的范围为水库周边山脊线以内，入库河流上溯 3 000 m 的汇水区域，大型水库和湖泊可以划定一级区外不小于 3 000 m 的区域为二级保护区范围。

（3）准保护区：根据流域范围、污染源分布及对饮用水水源影响的程度，需要设置准保护区时，二级保护区以外的汇水区域可设置为准保护区。

3）地下水饮用水水源保护区划分方法

（1）一级保护区：以地下水取水井为中心，溶质质点迁移 100 d 距离为半径所圈定的范围为一级保护区；

（2）二级保护区：一级保护区外，溶质质点迁移 1 000 d 距离为半径所圈定的范围为二级保护区；

（3）准保护区：水源地补给区划定为准保护区。

7.2.2　保护对策

参照《集中式饮用水水源环境保护指南（试行）》和《分散式饮用水水源地环境保护指南（试行）》等要求，结合实际工程，提出西藏自治区水源保护管理措施。

（1）制定饮用水水源法定法规，对水源地依法进行管理。明确各有关部门饮用水水源地应承担的责任、权利和义务等。以法规的形式进行管理，使其管理科学化、规范化、法制化。

（2）建立健全水功能管理机构，为切实加强饮用水水源地保护应设立饮用水水源地保护管理机构，从组织上、机构上保证水功能区划的具体实施和管理，便于协调区域间上下游、部门、行业的用水矛盾和纠纷。

（3）各用水和排污单位切实根据不同的水域使用功能要求，合理地使用饮用水水源地，严格按照《污水综合排放标准》规定和水功能区纳污排污总量控制方案，控制污染的排放，以免破坏水体的自我净化功能。

（4）建立和完善饮用水水源地保护管理体制，研究提出饮用水水源地保护的经济机制，制定相应的法规条例。严禁倾倒垃圾，养殖等。

（5）水源保护区划定后，关键是实施和管理。为尽快实施和进行有效的管理，必须有法规、行政、技术等措施的支持和保证，各级行政主管部门统一管理和监督。饮用水水源地的保护，关系广大农牧民的切身利益，应采取各种方式和手段，大力宣传报道，如报纸、广播、标语等，以提高全社会对水源地的关注。

（6）采取有效措施，改善水质，防治水质恶化，对达到水质要求的水域，应加强管理，采取措施，保证水质不下降；对受污染的、未达到水质污染的区域，制定切实有效的方案，分期实施，逐步达到水源保护要求的标准。

（7）加强水源保护区和污染源的监测，主管部门要建立各水源地进行定期监测，并定期进行水质评价，防患于未然，为饮用水水源地的科学管理提供可靠的依据。

7.3 水源保护工程技术措施

7.3.1 河流、湖库水源保护工程技术

河流、湖库水源保护工程技术包括取水口隔离及取水设施建设、水源标志设置、水源防护区划分、水源污染防治 4 个子项技术，其示意图见图 7.2。工程位置

图 7.2 河流、水库水源保护工程示意图

参照水源防护区边界确定。采用傍河取水方式时，水源的保护工程参照地下水源保护工程进行。

7.3.2　小型塘坝水源保护工程技术

小型塘坝水源保护工程技术包括取水口隔离及取水设施建设、水源标志设置、水源防护区划分、水源污染防护4个子项技术，其示意图见图7.3。

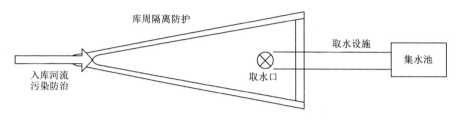

图7.3　小型塘坝水源保护工程示意图

7.3.3　地下水源保护工程技术

地下水源保护工程技术包括取水口隔离及取水井建设、水源标志设置、水源防护区划分、水源污染防护4个子项技术，其示意图见图7.4。

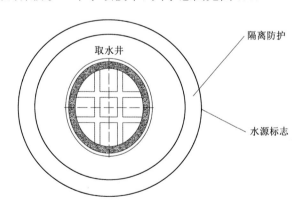

图7.4　地下水源保护工程示意图

7.3.4　水源保护区标志工程建设技术

农村饮用水水源防护区标志主要包括界标、交通警示牌和宣传牌。

1．界标

在防护区的地理边界设立界标,用于标识水源地及防护区的范围,并起到警示作用。界标的设置要求可参照 HJ/T 433—2008。

2．交通警示牌

交通警示牌分为道路警示牌和航道警示牌,用于警示车辆、船舶或行人进入饮用水水源保护区道路或航道,需谨慎驾驶或谨慎行为。交通警示牌的设置要求参照 HJ/T 433—2008。

道路警示牌和航道警示牌的具体设立位置应分别符合《道路交通标志和标线》（GB 5768—2009）和《内河助航标志》（GB 5863—1993）的相关要求。

3．宣传牌

根据实际需要,为保护当地饮用水水源而对过往人群进行宣传教育所设立的标志。宣传牌的设置要求参照 HJ/T 433—2008。

7.3.5　农村饮用水水源污染防护技术

农村大型河流、湖库型水源的污染防护工程依据《集中式饮用水水源环境保护指南（试行）》以及相应的饮用水水源污染防治规划、流域污染防治规划进行设计。生活污水、生活垃圾及畜禽养殖废水的处理处置按照《农村生活污染技术政策》（环发〔2010〕20 号）、《畜禽养殖污染防治技术规范》（HJ/T 81—2001）及相关要求进行。

1．小型河流、塘坝水源周边生态隔离技术

针对小型河流、塘坝饮用水水源,主要采取生态隔离措施,由两个子系统组成,即流域农田减量施肥子系统和生态隔离防护子系统（图 7.5）。其中,生态隔离防护子系统包括植物篱、生态沟渠和植被缓冲带等技术,可根据实际需要和水源所处地形选择使用其中一种技术,或几种技术组合使用。

流域农田减量施肥子系统：在库塘周边农田中实施测土配方、合理施肥,以减少氮（N）、磷（P）的流失,从而减少农业非点源污染对周围水体的污染。

生态隔离防护带子系统：在库塘周边 50 m 范围内,构建生态防护隔离带,应按照宽度大于 50 m、高度大于 1.5 m 进行设置,主要起到阻隔人群活动影响的作用,同时减少面源污染的影响。主要技术如下。

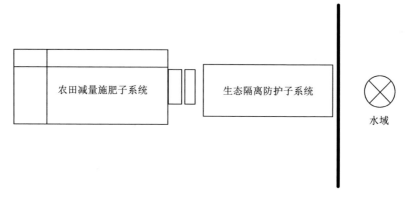

图 7.5 小型河流、塘坝饮用水水源污染防控工程示意图

植物篱：通过生物吸收作用等再次消耗氮磷养分、净化水质，提高养分资源的再利用率。库塘周边生态隔离系统的最佳结构为"疏林＋灌草"，这一结构可以通过密度控制来实现。需根据当地的气候条件，选取适宜的生物物种。适合水土保持的防护林树种主要有：松树、刺槐、栎类、桤木、紫穗槐等，须选择适合于本地区的树种。

生态沟渠：对沟渠的两壁和底部采用蜂窝状混凝土板材硬质化，在蜂窝状孔中种植对 N、P 营养元素具有较强吸收能力的植物，用于吸收农田排水中的营养元素，从而减少库塘水质的富营养化。

植被缓冲带：通常设置在下坡位置，植被种类选取以本地物种为主，乔木、灌木、草类等合理配置，布局上也要相互协调，以提高植被系统的稳定性。植被缓冲带要具备一定的宽度和连续性，宽度可结合预期功能和可利用土地范围合理设置。

2. 塘坝水源入库溪流前置库技术

对于塘坝水源入库溪流，宜采用前置库技术。前置库的库容按照入库溪流日均流量的 0.5～1.5 倍进行设计。前置库由 5 个子系统组成，即：地表径流收集与调节子系统、沉降与拦截子系统、生态透水坝及砾石床强化净化子系统、生态库塘强化净化子系统、导流子系统。前置库系统的组成结构见图 7.6。

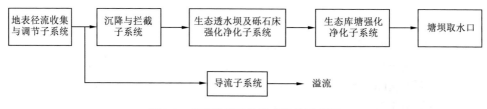

图 7.6 前置库系统的组成结构示意图

地表径流收集与调节子系统：利用现有沟渠适当改造，结合生态沟渠技术，收集地表径流并进行调蓄，对地表径流中污染物进行初级处理。

沉降与拦截子系统：利用库区入口的沟渠河床，通过适当改造，结合人工湿地原理构建生态河床，种植大型水生植物，建成生物格栅，既对引入处理系统的地表径流中的颗粒物、泥沙等进行拦截、沉淀处理，又去除地表径流中的 N、P 以及其他有机污染物。

生态透水坝及砾石床强化净化子系统：利用砾石构筑生态透水坝，保持调节系统与库区水位差，透水坝以渗流方式过水。砾石床位于生态透水坝后，砾石床种植的植物、砾石孔隙与植物根系周围的微生物共同作用，高效去除 N、P 及有机污染物。

生态库塘强化净化子系统：利用具有高效净化作用的生物浮床、生物操纵技术、水生植物带、固定化脱氮除磷微生物等，强化清除 N、P 及有机污染物等。

导流子系统：暴雨时为防止系统暴溢，初期雨水引入前置库后，后期雨水通过导流系统流出。

3．地下水源地隔离防护技术

以水井为中心，周围设置坡度为 5%的硬化导流地面，半径不小于 3 m，在 30 m 处设置导流水沟，防止地表积水直接下渗进入井水（见图 7.7）。导流沟外侧设置防护隔离墙，高度 1.5 m，顶部向外侧倾斜 0.2 m，或者生物隔离带宽度 5 m，高度 1.5 m（图 7.8）。此外，如地下水源位于农业生产区，则需参照 7.3.5 节小型塘坝水源周边生态隔离技术增设农田减量施肥子系统和生态截留沟渠子系统，以防止农药或化肥经灌渗进入地下蓄水层。

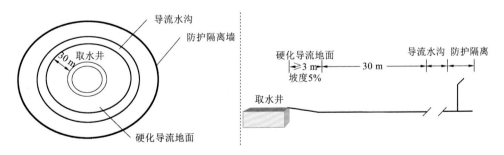

图 7.7　地下水源隔离防护示意图

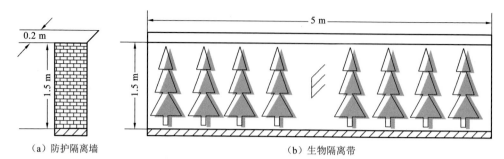

图 7.8 地下水源取水口隔离工艺示意图

第 *8* 章

西藏农村饮水安全工程建设管理
对策与建议

　　本章在总结现行农村饮水安全工程建设管理现状的基础
上,从前期规划设计、体制机制建立、高寒地区饮水工程关键技
术创新、运行管理等方面提出西藏农村饮水安全工程建设管理
的对策与建议,从而促进西藏农村饮水安全工程建设管理水平
的提高。

8.1　加强规划和设计工作

加强规划和设计工作主要措施如下。

一是把好设计关。按照分级管理的原则,对巩固提升中的千吨万人以上的集中供水工程,由市(区)、县(区)组织专家按照"先看现场,再审查"的方式,严把工程设计审查关。

二是加强工程质量监管。对于规模较大的集中供水工程,按照基本建设程序,严格执行招投标制、合同管理制、工程监理制、项目法人制的"四制"管理。主要材料设备以市、县为单位实行集中招标采购,杜绝"三无"和不符合要求的材料设备进入工程。在施工过程中,监理单位派遣专业人员深入施工现场,全程跟踪,实现工程监理"四控制"。同时,将推行受益农户代表与技术人员全程跟班,监督、检查工程建设质量,有效防止"豆腐渣"工程的出现。将施工质量与工程拨款有机结合起来,工程竣工后扣留部分工程质保金,待工程试运行后才付清余款。

三是加强验收工作。按照《西藏自治区农村饮水安全项目竣工验收方法(试行)》(藏农饮〔2010〕17 号),巩固提升项目完成后,由市、县组织逐级验收,省级抽查,对验收不达标的工程,要求立即整改,禁止不合格工程投入运行。

8.2　健全体制机制

8.2.1　建立饮水安全政府考核机制

农村饮水安全保障继续实行地方行政首长负责制,由地方政府负总责,并逐级将责任落实到县、乡(镇)政府及有关部门和单位。每年对建设任务进行分解、细化,明确目标任务、责任部门、协作部门,提出质量要求,制定保障措施,纳入对地方政府的年度目标考核体系。落实农村饮水安全保障县(区)级政府责任制。各级地方政府和水利部门要把农村饮水安全工程建设列入重要议事日程,明确层层任务,通过政府、行业两条线层层签订责任书,强化工作措施,精心组织项目实施,全力推进农村饮水安全工程建设与管理工作。各县(区)级政府对农村饮水安全负总责,切实履行资金落实、建设管理、运行维护责任,县(区)级水利部门是饮水安全巩固提升工程实施的责任主体,要认真组织实施、确保如期实现规划目标。各地(市)级水利行业主管部门负责技术指导、督促检查工作。

8.2.2　饮水安全工程建设管理机制

农村饮水安全工程建设执行基本建设程序，坚持项目法人制、招标投标制、建设监理制、合同管理制的"四制"管理，对工程实行质量终身责任制，并以县（区）为单位统一设计、统一标准质量、统一招投标、统一检查验收，严把设备材料质量、施工队伍选择、工程质量监督和工程检查验收"四道关口"，确保工程质量。严格遵照国家有关规范规程，强化安全生产监管，落实安全责任，确保建设运行过程不发生重大安全事故，保障工程安全和人员安全。

（1）完善农村饮水安全项目建设法人制。规模以上农村饮水安全工程按规定组建项目建设管理单位，负责工程建设和建后运行管理；其他规模较小的工程，以县（区）为单位组建统一的项目建设管理单位，作为项目法人，负责全县（区）规模以下农村饮水安全工程的建设和管理。项目建设管理单位必须组织机构健全，人员结构合理，规章制度完善。

（2）完善农村饮水安全工程招投标制、工程监理制和资金报账制。按照《招标投标法》和《工程建设项目招标范围和规模标准规定》，规模以上饮水安全工程，实行单独招标；规模以下小型工程推行主要材料设备集中招标采购制度，确保产品质量。规模以上工程建设实行监理制；规模以下小型工程采取监理人员巡回监理和受益农户跟班监督制度，确保工程质量。饮水安全工程项目资金实行专账核算，按工程建设进度实行报账制，确保资金安全。

（3）全面推行项目公示制，接受社会监督。为提高农村饮水安全项目建设管理的透明度，农村饮水安全工程全面推行项目公示制，及时将建设、管理和运营信息向社会公开。各地对农村饮水安全项目建设计划必须全部在当地新闻媒体进行公示，其中省级计划在省级媒体公示，公示内容包括项目名称、工程类型及处数、主要建设内容、工程投资、受益范围和人数、责任人等。县（区）级计划要在项目所在地进行公示，公示内容包括工程建设地点、建设方案、资金筹集、水价、受益人数等。饮水安全工程建成运行后，在项目受益范围内对供水成本、供水水价和水费收支等运营情况进行公开，接受农民监督。

（4）全面推行用水户全过程参与，充分调动农民积极性。考虑西藏自治区民族、宗教特点，农村牧区供水涉及不同的民族社会风俗、用水习惯、宗教意志。在农村饮水工程建设管理中全面推行用水户全过程参与的模式，在重要环节进行公示或充分征求用水户代表的意见，培养农牧民饮用健康、卫生、达标水的理念，逐步引导用水户成为供水工程的监督管理主体，切实赋予用水户知情权、参与权和监督权，增强用水户的责任感。工程建设前广泛听取用水户对工程建设方案、资金筹集、管理体制和水价机制的意见；工程建设中由用水户选举代表参与工程建设的监督；工程建成后允许用水户代表参加管理，充分调动用水户的积极性。如坚持群众参与的原则，尊重群众的知情权、参与权、管理权和监督权，饮水安全工程建设实行民主参与、民主评议、民主决策、民主管理和民主公开，把缺水对象、国家政策、设计方案、建设管理过程、财务决算、干部责任等进行全程公示，增强工程建设透明度，调动农民参与工程建设管理的积极性。

（5）严格按照相关办法，加强验收工作。按照《西藏自治区农村饮水安全项目竣工验收办法（试行）》（藏农饮〔2010〕17 号）等办法，项目完成后，工程验收由项目业主具体负责，总体工程由市（区）水利局和县（区）级水利局组织竣工验收。工程建设完成并试运行一年后，组织各市（区）级单位验收，验收合格后移交受益区村委会或农牧民用水户协会统一管理，由其落实工程管护措施和责任，定期进行设施、设备检查和维护，确保工程正常运行。工程竣工运行两年内，分期进行后评估，总结经验。

8.2.3　创新饮水安全工程运行管理机制

工程竣工后，按照"谁受益、谁建设，谁投资，谁管理"的原则，明晰工程产权，落实管理主体，制定工程管理、维修、水费计收、水源保护等管理制度，由各地物价部门统一确定水价，确保项目良性运行，保证工程可持续利用和发展。对已建成竣工的工程建卡造册，实行档案化管理。同时，各地要根据不同的情况，因地制宜地采取不同的管理模式，具体包括村民组长管理、群众代表管理、管水小组管理、专职管水员管理、个人承包租赁管理等多种管理方式，并根据不同的水源类型及使用情况制定出不同的用水方案，采取全天供水、定时供水、分时段、分区域供水等不同方式，以确保受益区群众都能吃上水，吃好水，不缺水，充分发挥工程效益。具体对策如下。

1. 建立饮水安全管理责任体系

根据不同农村饮水工程特点，确立相应的产权主体和管理形式，完善权、责、利间的管理关系，依照工程所有权归属，明确管理责任。根据农村饮水工程规模设立相应的管理机构，并配备相应管理人员，根据当地的具体情况制定相应的规章制度，实行市场化运作，实行有偿供水，建立并完善饮水安全管理责任体系。

2. 工程维修保养制度

县级饮水安全工程维修养护资金主要由项目县财政拨款和水费提取两部分组

成，并应逐步加大县财政投入力度。维修养护资金实行财政专户存储，逐年累积，由县水利主管部门统筹安排使用，县财政、审计等部门监督。有条件的地区积极推行农村供水工程维护经费财政补贴制度。

在取水工程的管理上，应经常进行检查，对于引水渠、管道、取水口应及时进行清理，若发现存在漏水的问题，应及时进行处理；排砂孔应定期进行冲砂，特别在雨季，要防止泥沙大量进入管路、水渠当中；冬季要注意防寒防冻，保持水流顺畅，将多余的水放进调节水池当中，防止造成浪费。在净水工程的管理上，要重视净水工程功能，将其作为保持供水水质的重要部分，需要经常进行检查维护，保证运行效果，确保水源水质安全性。在配水工程的管理中，饮水蓄水池要确保不垮不漏，若是在使用过程中出现的问题必须及时进行处理，减少池中污物的滋生，若是控制不好，可能会出现水资源污染的严重情况，必须每年根据管理计划进行一次清淤，同时防止动物饮水。在供水相关设备的管理上，供水设备系统当中包括的内容较多，系统划分较为细致，在使用过程中要注意经常进行检查，对于出现漏水等问题的部位要及时进行维修，防止设备带病作业，影响正常的供水，对于设备要严格依照规程进行操作。

3. 水质监测体系

进一步完善农村饮水水质卫生监测体系，提高农村饮水安全工程监测覆盖率，健全水质卫生常规监测制度，提高监测水平和质量。加强水质检验工作。供水单位要建立以水质为核心的质量管理体系，建立严格的取样、检测和化验制度，按照现行的《生活饮用水卫生标准》《村镇供水工程技术规范》和《村镇供水单位资质标准》等有关标准和操作规程，定期对水源水、出厂水和末梢水进行水质检验，并完善检测数据的统计分析和报表制度。建立完善水质检测制度，日供水量在 1 000 m³ 以上的供水单位建立水质化验室，根据有关规定配备与供水规模和水质检验要求相适应的检验人员及仪器设备。日供水量在 200～1 000 m³ 的供水单位要逐步具备检验能力。日供水量在 200 m³ 以下的供水单位要有人负责水质检验工作。对单村供水工程和小型分散饮水工程采取县级农村饮水安全水质检测室（中心）巡回检测等方式，及时发现影响饮水不安全的因素。

完善农村饮水安全监测体系。地方卫生部门与水利部门加强信息沟通与工作配合，落实人员、任务、责任、仪器设备和必要的经费。县级疾病预防控制机构设立水质监测中心或指定专职人员负责水质监测工作。加强对饮用水水源、水厂供水和用水点的水质监测，及时掌握饮用水水源环境、供水水质状况。以规模较大的集中供水站为依托，分区域设立监测点，对小型和分散供水工程定期进行水质监测。

4．水价及收费机制

按照"补偿成本、公平负担、定额水价、分类收费"的原则，建立分类定价、阶梯水价和定额加价的基本水价政策，实行计量收费，保障工程长效运行，促进节约用水。

原则上工程水价应包括工程折旧和维修养护费在内的全成本水价；暂时无条件实行全成本水价的，可先执行工程运行水价；个别工程如果运行维护费用仍有缺口，可考虑由地方财政补助、乡村集体经济组织补贴等办法解决。有条件的地方可逐步推行两部制水价、基本水费、用水定额管理与超额累计加价等制度。

（1）分类定价

体现以工补农、优惠农民的原则，对生活、生产、牲畜用水制定不同的水价政策。二三产业用水水价要高于农牧民生活水价，实行价格反哺机制，即实行供水成本加合理利润，利润收益主要用于补贴农民生活用水水价不到位产生的政策性经营亏损。牲畜用水水价建议根据以草定牧、以水定牧原则，按牲畜头数计价，但是超出定额部分，进行额外加价收费；生活用水方面，农牧民生活用水水价不高于城镇居民水价。

对于生活用水水价，根据供水规模和管理方式，实施不同的价格体系：千吨万人以上供水工程，建议与当地县城供水"同质、同价、同服务"，实现企业化管理、专业化服务、可持续运营。$20\ \text{m}^3/\text{d}$ 以上的集中供水工程，不得超过当地县城水价，不足部分由当地财政等方式补贴。对于 $20\ \text{m}^3/\text{d}$ 以下的小微供水工程，采取"自用、自管"的模式，水价能平摊电费、药剂费等日常运行成本，工程维修等其他费用采取一事一议、财政补贴等方式解决。

（2）阶梯水价

受生活、风俗、习惯等原因，部分农牧民实际用水量很少，农村水费征收与制水成本不协调，不利于工程良性运营。因此，可根据实际情况实行"基本用水量+保底水费+标准水价"的阶梯水价政策，包括按人头（含牲畜头数）、户头或按表的"基本用水量+保底水费"。基本用水量与保底水费绑定，用水量达不到基本用水量时，按保底水费征收；用水量超过基本用水量部分，按标准水价收费；一般标准水价应高于保底水费，确保节约用水。

根据上述水价原则，结合西藏农村牧区供水实际情况，针对不同的用水对象、供水规模，水价建议见表 8.1。

千吨万人工程能实现收支平衡。小微工程在计量收费的基础上，政府对水价进行适当补贴，确保工程得到有效维护，实现良性运行。

表 8.1 农村牧区供水水价建议

序号	供水规模 W / (m³/d)	水价			收费方式	有无财政补贴
		生活/ (元/m³)	生产/ (元/m³)	牲畜用水		
1	$W>1000$	>2.0，与县城水价一致	高于生活水价，与县城同类水价一致	与生活水价一致，或按牲畜头数收费	计量收费	自负盈亏，市场运作，不补偿
2	$200<W\leqslant1000$	1.5～2.0，不高于县城生活水价；或包月按户定额收费，超额加价收费	高于生活水价	不高于生活水价，或按牲畜头数收费	计量收费 阶梯水价	适当补偿，不补偿工程日常运行费；
3	$20<W\leqslant200$	1.0～1.5，或包月按户定额收费，超额加价收费	高于生活水价，或与生活水价一致	不高于生活水价，或按牲畜头数收费	计量收费 阶梯水价	适当补偿工程维护修理费，或提供药剂及技术服务
4	$W<20$ 集中供水或分散供水	平摊费用，或包月按户定额收费	与生活水价一致	不高于生活水价，或按牲畜头数收费	平摊收费 一事一议	

（3）水费征收

根据农村供水工程计量装置落后，水费收取率低的实际情况，在继续推行供水电价实行农业电价、减免税费等措施的基础上，对政策性亏损的水厂和农村供水管网建设实行政府财政补贴。多措并举地降低供水成本，实施计量收费政策，并不断完善供水工程供区管理和计量设施改造，降低管网漏损率，提升水费收取率，提高供水工程运行效益。对于城镇及规模化供水管网延伸工程，为保障收费率，降低运行成本，水厂在行政村口安装总表，水厂按村总表计量收费，村委会收费到每户，水厂对村的水价略低于村对户的水价，保证村级收费员的利益和村级供水管网的维护。有条件的工程建议安装预付费 IC 卡湿式水表，对于预交水费给予一定的奖励政策。认真落实水价决策听证制度，保障用水户对水价制定的知情权、参与权和监督权。供水单位应接受用水户和社会的监督，按照县（区）物价部门审批的水价标准，制作"水价公开专栏"，定期公示水价、水量和水费收支等情况，让群众吃放心水，交明白费。

8.3 高寒地区饮水工程关键技术创新

8.3.1 高寒地区小型水厂建设

大力发展规模化供水。打破一村一井、单村供水等传统做法,依托优质水源合理规划,构建城乡统筹、规模供水的新格局。在平原区,大力推行"一县一网""一县两网"供水模式;在山丘区,以水库或较丰富的地下水资源为依托,推行"一条流域一网、一县几网、网际互通"供水模式;在城镇周边地区,利用城市自来水供水管网向周边村庄辐射延伸;对已建成规模较小的供水工程,综合考虑水资源条件、人口密度、经营效益等因素,调整布局,合理确定供水范围,采取"以大并小、小小联合"的方式,改扩建一批跨村、跨乡镇的规模化集中供水工程,替代小型集中式供水工程和分散式供水工程,形成"多村一厂"的大水厂布局。

8.3.2 人口密集区城乡供水一体化

在距县城、乡镇等现有供水管网较近的农村,可充分利用已有城镇(乡镇)自来水厂的富余供水能力和先进的管理水平扩容改造城镇水厂供水规模,延伸供水管网,实现以大带小、以城带乡、同网同质、同网同价的城乡供水模式,形成"一县一网、一(多)乡一网、多村一网"的大管网布局,解决农村供水问题。工程建设以已有工程供水能力分析为基础,准确论证水源水量水质、供水设施及输配水管网供水能力以及用水需求,充分考虑延伸工程与原有工程的衔接,合理确定管网延伸范围。

8.3.3 供水管网耐低压防冻技术

积极推广已取得效果的防冻模式,如昌都市部分县"两头暖、中间深"(即水源工程和入户水龙头做好保暖措施,管道埋深在冻土层以下)的做法;边坝县尼木乡"防冻水龙头+调节蓄水池+管网延伸"的技术模式;措美县在背水台修建小型蓄水池、冬季 24 h 连续供水防止管道和水龙头冻结的方式;浪卡子县加大管网埋深、管道周围敷以牛羊粪保暖、出水口水管缠绕塑料薄膜、加厚背水台设计的方式等,有效解决了冬季水源和水龙头防冻的难题。

8.3.4　分散式农村供水水质检测技术

以浅机井水、大口井水、塘坝水、水库水为水源的联村集中饮水工程和单村饮水工程，必须满足《村镇供水单位资质标准》（SL 308—2004）要求的 IV 类、V 类工程要求的水质检验项目和频次，自己不能检验的应送县以上卫生部门认定的水质检验单位监测。对以深井水、无污染的泉水为水源的小规模联村供水工程和单村供水工程，在保障供水水质的情况下，可适当减少长期监测不到的指标和监测频次，但每年至少进行一次全分析指标的检测。

8.4　运　行　管　理

8.4.1　农村饮水安全工程运行管理模式创新

1. 工程产权制度改革

西藏自治区农村饮水工程总体上存在产权不清、工程管护责任不明、工程老化失修、经营管理不善、效益衰减等问题，亟须加快农村饮水安全工程产权改革，明确工程产权和管理责任主体，确保饮水工程长效运行。

1）产权确定

农村饮水安全工程的产权主要有以下几种模式。

（1）由国家投资建设的农村饮水工程所形成的资产，其所有权归国家所有。

（2）由集体投资建设的农村饮水工程所形成的资产，其所有权归集体所有。

（3）由个人（企业）投资建设的农村饮水工程所形成资产，其所有权归投资者所有。

（4）由国家、集体、个人（企业）共同投资建设的农村饮水工程所形成资产，其所有权由国家、集体、个人（企业）按出资比例共同所有。

（5）无偿援助、捐赠资金建设的农村饮水工程所形成资产，其所有权归指定的接受援助或接受捐赠者所有；无明确指定的，其所有权归国家所有。

2）产权交易

按照政府主导、市场运作的原则，在不改变饮水工程基本用途的前提下，引入市场竞争机制，农村饮水工程通过拍卖方式实现所有权交易。工程改制所回收的资金归工程所有者，政府投资建设的工程改制回收的资金专项用于发展当地的农村水利事业。

工程所有权以公开竞价方式出售,由多个参与者竞争,在其他条件相同的情况下,最终卖给出价最高的购买者,由购买者自主经营管理。根据工程设施的资产结构和规模,可以只出售使用权,也可以出售全部或部分所有权。

2. 工程运行管理模式创新

对集中供水工程推行"县级统管、制供分离、独立经营、大厂兼管、协会参管"等多种运行管理模式:一是县级统管,将所有集中供水工程实行县级统管,推行集团化发展,做到盈亏互补,整体推进;二是"公司+协会"的制供分离方式,将专业制水和村民自管水相结合,保障了供水水质和农户的用水权益;三是独立经营管理,城市水厂、供水企业作为独立产权持有人,对供区统一管理,自负盈亏;四是农户自管、协会参管,以及农户联户或协会作为产权持有人,推举管理人员轮流管理的模式,自负盈亏。对于小型分散供水项目按照"民建、民有、民管、民受益"的原则,采取"一事一议"、财政奖补的办法,支持由受益农户组成的农民专合组织建设,并成为产权主体和管理主体。

8.4.2　农村饮水安全的应急管理

1. 应急机构及职责

区、市(地区)、县(区)三级水行政主管部门设立相应的应急领导机构,负责本行政区域内供水安全(含水源安全)突发事件。有关供水单位应设立供水安全应急领导机构,负责本单位供水安全突发事件的处置。

1) 区村镇供水安全应急机构与职责

设立西藏区级村镇供水安全应急领导小组,组长由区水利厅主管副厅长担任,领导小组成员为区水利厅农水处,区水利厅办公室、规计处、水政处,区防汛抗旱办公室等单位负责人。领导小组下设立办公室及专家组。办公室设在区水利厅农水处。

领导小组职责主要是:贯彻落实国家、区有关重大生产安全事故预防和应急救援的规定;及时了解掌握村镇供水重大安全事故情况,指挥、协调和组织重大安全事故的应急工作,根据需要向区政府和水利部报告事故情况和应急措施;审定全区村镇供水重大安全事故应急工作制度和应急预案;在应急响应时,负责协调公安、水利、环保、卫生防疫、医疗救护等相关部门开展应急救援工作;负责指导、督促、检查下级应急指挥机构的工作。

领导小组办公室负责领导小组的日常工作。其职责是：起草全区村镇供水重大安全事故应急工作制度和应急预案；负责村镇供水突发性事故信息的收集、分析、整理，并及时向领导小组报告；协调指导事发地应急领导机构组织勘察、设计、施工力量开展抢险排险、应急加固、恢复重建工作；负责协调公安、水利、环保、卫生等部门组织救援工作；协助专家组的有关工作；负责对潜在隐患工程不定期安全检查，及时传达和执行区政府的各项决策和指令，并检查和报告执行情况；负责组织应急响应期间新闻发布工作。

领导小组专家组由供水规划、设计，水环境监测、卫生防疫等有关方面的专家组成，负责领导小组的技术支持工作。其职责是：参加领导小组统一组织的活动及专题研究；应急响应时，按照领导小组的要求研究分析事故信息和有关情况，为应急决策提供咨询或建议；参与事故调查，对事故处理提出咨询意见；受领导小组的指派，对地方给予技术支持。

2）地方村镇供水安全应急机构及职责

地市、县区级水行政主管部门成立相应应急领导机构，负责本地区内供水安全突发性事故的处置。主要职责包括：拟定本地区村镇供水安全事故应急工作制度，建立完善应急组织体系和应急救援预案；掌握本地区供水安全信息，及时向当地人民政府和上级应急领导机构报告事故情况；指挥协调本地区供水安全事故应急救援工作。

3）供水单位应急机构及职责

根据当地人民政府、水行政主管部门的抢险应急预案，供水单位结合本单位实际建立供水应急机构，制定科学合理的抢险应急工作方案，配备必要的抢修设备及应急队伍，并定期组织演练。

2. 编制水源保护安全应急预案

所有县（区）千吨万人以上集中供水工程，应编制针对性和可操作性强的水源保护安全应急预案（会同环保部门单独制定，或在各级农村供水应急预案中体现相关内容），并报同级人民政府批准实施；供水单位应当制定供水安全运行应急预案，并报县级水行政主管部门备案。

县级人民政府应当建立农村饮水安全保障应急指挥机构，落实应急责任机制，并整合资源，统筹安排各有关部门应急工作任务，加强协调配合与分工合作。

对于县（区）水利局，应编制县级应急供水预案，明确突发水源保护安全事件应对的责任主体；建立应急组织体系；统筹规划全县送水车等水源保护安全应急物资储备种类和数量，对于无应急水源或备用水源工程，做好送水准备。

3．建立供水突发事件应急响应机制

农村供水突发事件发生后,各相关部门应在县级人民政府的直接领导下,切实履行职责。

（1）水行政主管部门负责提供农村供水突发事件信息、应急预案以及工作方案;负责监督指导供水单位应急工作及启用应急水源等应急处置措施;负责恢复农村饮水安全工程所需经费的申报和计划编制。

（2）卫生行政主管部门负责遭受农村供水突发性事故的卫生防疫和医疗救护,以及饮用水水质的应急监测和卫生保障。

（3）环境保护行政主管部门负责农村供水突发事件水源地水质应急监测及污染应急处置;负责对农村供水突发污染事件进行调查取证,并依法处理有关污染责任单位和责任人。

（4）其他有关部门应按预案要求负责相应工作。

因环境污染或其他突发性事件造成水源、供水水质污染的,供水单位应当立即停止供水,及时向当地人民政府报告,并启动应急预案,先期进行处置。

突发供水安全事件发生后,县级以上地方人民政府应根据应急要求快速做出反应,及时组织会商并启动应急预案,控制事态蔓延,将突发危害降至最低。上级人民政府各有关部门视情况给予协调指导并全力支持。

当突发供水安全事件发生并造成群众基本生活用水得不到保障时,当地人民政府应当采取向灾区派出送水车、启动应急备用水源、异地调水、组织技术人员对工程建筑物进行抢修等措施,以保证群众基本生活用水。

突发供水安全事件得到控制或消除后,履行统一领导职责或者组织处置突发事件的人民政府应当停止执行应急处置措施,同时采取必要措施,防止突发事件的次生、衍生事件或者重新引发安全事件。

4．完善风险防控措施

优化与水源直接连接水体的供排水格局,布设风险防控措施。在地表水型饮用水水源上游、潮汐河流型水源的下游或准保护区以及地下水型水源补给区设置突发事件缓冲区,利用现有工程或采取措施实现拦截、导流、调水、降污功能;在水源周围设置应急防护措施,防止有毒有害物质进入水源。

5．建立风险评估机制

建立饮用水水源风险评估机制,分析饮用水水源保护区外或与水源共处同一水文地质单元的工业污染源、垃圾填埋场及加油站等风险源对水源的影响,分级管

理水源风险,严格管理和控制有毒有害物质。评估风险源发生泄漏事故或不正常排污对水源安全产生的风险,科学编制防控方案。

6. 建立供水安全保障机制

加强备用水源建设,加强备用水源的规划建设,当发生水质异常突发事件时,可通过备用水源或相邻水厂管道调水,保障供水安全;供水部门要指导和督促下辖的自来水厂完善水质应急处理设施和物资保障,强化进水水质深度处理能力。

7. 风险源管理

建立风险源目标化档案管理模式,明确责任人和监管任务,严格审批重点污染行业企业,新建排污企业与居民区或水源保护区距离一般不小于 1 km;严格执行水源保护区建设项目准入制度,对存在污染饮用水源风险的建设项目,要完善风险防范措施。输送管线等特殊设施,确需穿越水源的,必须配套泄漏预警及风险防范措施,编制专项应急预案。

严格控制运输危险化学品、危险废物及其他影响饮用水水源安全的车辆进入水源保护区,进入车辆应申请并经有关部门批准、登记,并设置防渗、防溢、防漏等设施。

8. 建设预警系统

应充分利用国家、区、市各级环境监测网络资源,建立水源监测预警系统,并与供水单位建立联动预警机制。监测网络包括自动监测和监督性监测。自动监测包括风险源自动监控、流域地表水自动站监测、水源自动监测等。地表水监督性监测包括江河湖库等地表水国控、省控、市控断面例行监测、风险源废水排放例行监测。地下水监督性监测包括污染控制井例行监测、风险源环境影响评价现状监测。应充分利用环境监察等日常监管信息,进行监管预警。

为了保持信息通信畅通,应建立跨界预警信息交流平台。通过跨界预警系统可以及时了解不同断面的水质信息,实现监测预警信息的共享。

应结合水源特点研究制定预警标准,实施分级预警。建立预警研判模板,对来自各方面的预警信息汇总研判。建立预警工作联动机制,发现异常情况第一时间进行监察和监测核实。当水源水质受到或可能受到突发事件影响时,应建议当地政府立即启动预警系统,发布预警公告,设立警示牌,通报受污染水体沿岸污染信息和防范措施。

参考文献

白丹, 1996. 泵站加压输水管的优化[J]. 西安理工大学学报(4): 348-350.

北京市水利水电技术中心, 2010. 北京市村镇供水工程运行维护指南[M]. 北京: 中国水利水电出版社.

曹升乐, 2007. 农村饮水安全工程建设与管理[M]. 北京: 中国水利水电出版社.

达娃, 2010. 灰色模型在西藏需水量预测分析中的应用[J]. 中国给水排水, 26(1):51-53.

董安建, 李现社, 2013. 水工设计手册: 第9卷 灌排与供水: 第2版[M]. 北京: 中国水利水电出版社.

杜茂安, 韩洪军, 2006. 水源工程与管道系统设计计算[M]. 北京: 中国建筑工业出版社.

丁昆仑, 孙文海, 贾燕南, 2013. 农村供水工程防冻保护措施[J]. 中国农村水利水电(12): 98-107.

黄吉奎, 2016. 农村饮水安全工程质量管理的几点建议[J]. 低碳世界(7): 79-80.

胡建永, 张健, 陈胜, 2013. 串联加压输水工程事故停泵的应急调度[J]. 人民黄河, 35(8): 74-76.

蒋任飞, 白丹, 段彩霞, 等, 2004. 泵站加压输水系统的优化[J]. 西安理工大学学报(3): 249-253.

李杰, 李起炎, 张喜康, 2002. 运城市下凹村电渗析改水降氟15年效果调查[J]. 中国地方病学杂志, 21(5): 430.

李建民, 黄建, 刘伏英, 1995. 乡镇供水工程[M]. 长沙: 国防科技大学出版社.

李晓燕, 2012. 长距离重力流输水管道水锤防护方法研究[D]. 西安: 长安大学.

李永富, 孟范平, 姚瑞华, 2010. 饮用水除氟技术开发应用现状[J]. 水处理技术, 36(7):10-13.

秦秀红, 2014. 关于加强农村饮水安全工程质量管理的思考[J]. 科技信息(9): 255.

全国爱国卫生运动委员会办公室, 2003. 中国农村给水工程规划设计手册[M]. 北京: 化学工业出版社.

乔明, 黄川友, 2011. 西藏自治区城镇饮用水水源地存在的问题及对策研究[J]. 西藏科技(4): 19-20.

生活饮用水卫生标准(GB 5749—2006)[S]. 北京:中国标准出版社.

孙晓慰, 2006. 电吸附技术在饮用水深度处理中的应用[J]. 中国水利(1): 68-69.

宋邦国, 赵彤彤, 陈远生, 2016. 西藏农牧区家庭生活用水特征及其影响因素[J]. 地理研究, 35(10): 1879-1886.

宋卫坤, 邬晓梅, 李晓琴, 等, 2018. 农村供水工程计量现状问题及对策建议[J]. 中国农村水利水电(6): 118-121.

魏清顺, 刘丹, 刘艳红, 2016. 农村供水工程: 第2版[M]. 北京: 中国水利水电出版社.

魏素珍, 徐瑾, 苏立彬, 等, 2015. 西藏农村生活饮用水微生物安全状况及风险评估[J]. 中国给水排水(17):57-60.

西藏自治区地方志编纂委员会, 2015. 西藏自治区志: 水利志[M]. 北京: 中国藏学出版社.

西藏自治区水利厅, 2015. 西藏水利概况[Z].

杨冰, 2016. 城乡统筹供水系统模式分析与建设方案选择研究[D]. 杭州: 浙江大学.

杨福记, 冯庆昌, 2003. 重力流输水在陆川县西山供水工程中的应用[J]. 广西水利水电(1): 77-79.

颜振元, 李琪, 马树升, 1995. 乡镇供水[M]. 北京: 水利电力出版社.

张汉松, 2017. "十三五"时期农村饮水安全巩固提升现状、问题与对策[J]. 水利发展研究, 17(11): 57-60.

张生财, 2014. 长距离有压重力流输水在供水工程中的设计及应用[J]. 水利规划与设计(10): 74-76, 88.

张世瑕, 2005. 村镇供水[M]. 北京: 中国水利水电出版社.

中国水利学会, 2018. 农村饮水安全评价准则(T/CHES18—2018)[S]. 北京: 中国水利水电出版社.

WU X M, ZHANG Y, DOU X M, et al., 2007. Fluoride removal performance of a novel Fe-Al-Ce trimetal oxide adsorbent[J]. Chemosphere, 69: 1758-1764.